KB068313

반려동물과 함께
아로마 들판으로의 산책

반려동물과 함께
아로마 들판으로의 산책

초판 1쇄 발행 2020. 11. 2.

지은이 강연희
펴낸이 김병호
편집진행 조은아 | **디자인** 양헌경
교정 김소리 | **일러스트** 함서정
마케팅 민호 | **경영지원** 송세영

펴낸곳 바른북스
등록 2019년 4월 3일 제2019-000040호
주소 서울시 성동구 연무장5길 9-16, 301호 (성수동2가, 블루스톤타워)
대표전화 070-7857-9719 **경영지원** 02-3409-9719 **팩스** 070-7610-9820
이메일 barunbooks21@naver.com **원고투고** barunbooks21@naver.com
홈페이지 www.barunbooks.com **공식 블로그** blog.naver.com/barunbooks7
공식 포스트 post.naver.com/barunbooks7 **페이스북** facebook.com/barunbooks7

· 이 책의 국립중앙도서관 출판시도서목록(CIP)은 서지정보유통지원시스템 홈페이지
(http://seoji.nl.go.kr)와 국가자료공동목록시스템(http://www.nl.go.kr/kolisnet)에서
이용하실 수 있습니다. (CIP제어번호 : 2020045554)
· 파본이나 잘못된 책은 구입하신 곳에서 교환해드립니다.

바른북스는 여러분의 다양한 아이디어와 원고 투고를 설레는 마음으로 기다리고 있습니다.

반려동물과 함께

아로마 들판으로의 산책

반려동물을 위한 피토아로마테라피

강연희

프롤로그

아로마테라피는 향기만을 이용한 치료인가?

대부분의 사람들은 아로마테라피 하면 먼저 향을 이용한 "향기치료"를 떠올린다. 시중에 나와 있는 아로마테라피 관련 서적들 또한 아로마테라피에 관하여 향기를 이용한 테라피 (치료)라고 정의하고 있다. 이렇듯 향기만을 강조한 "아로마테라피" 개념이 자리 잡게 되면서, 향기 이외의 아로마테라피가 가지고 있는 본연의 무한한 생명력과 에너지가 간과되고 있다.

아로마테라피라는 경이로운 세계를 올바르게 알기 위해서는 먼저 아로마테라피의 어원에 대한 정확한 이해가 필요하다.

아로마테라피 (Aromathérapie)는 프랑스어인 Aroma + Thérapie라는 두 단어의 합성어로, 1928년 프랑스 화학자 & 약사 가트포쎄 (René-Maurice Gattefossé)에 의해 처음 사용되었다. 이 아로마테라피 (Aromathérapie)에서 사용된 첫 번째 단어 "Aroma"는 향 (arôme)과 방향성 물질 (aromate)이라는 두 개의 단어로 존재한다.

첫 번째 단어 아로마 (arôme)는 "향"을 의미한다. 현재 우리나라에서는 이 아로마 (arôme)라는 단어로 아로마테라피를 해석, 강조한 교육이 대부분이라 사람들은 아로마테라피를 향기요법으로만 알고 있다.

그러나, 실제로 프랑스에서 아로마테라피 (Aromathérapie)에 채택하고 있는 단어는 "휘발성 방향 물질"을 의미하는 아로마트 (Aromate)다. 이를 보더라도 아로마테라피는 단순히 향기 (arôme)만을 이용한 테라피가 아니라, 에센셜 오일이 되는 휘발성 방향 물질인 아로마 식물의 "성분"을 이용한 테라피라는 걸 알 수 있다.

이에 우리는 아로마테라피를 시행할 때 향기에만 치우칠게 아니라 성분에 더 관심을 두고 주목할 필요가 있다. 물론 우리는 본능적으로 자신이 필요로 하는 성분의 향에 더 끌리거나, 반대로 신체 리듬에 따라 특정한 성분의 향에 대해 심한 거부 반응을 보일 수가 있다. 이러한 반응들은 겉으로 보기에는 우리 몸이 향에 대해 반응하는 걸로 보이지만, 실질적으로는 식물의 "성분"에 대해 반응하는 것이다.
즉, 정확한 의미의 아로마테라피는 고유의 향을 지닌 식물에 함유되어 있는 치료적 성분들이 우리의 몸과 마음에 테라피적으로 작용한다는 것이다.

많은 사람의 사랑을 받고 있는 커피로 예를 들자면, 우리는 먼저 후각을 자극하는 매혹적인 향에 끌려 커피를 찾게 된다.

그러나, 실제로 우리의 심장을 더 빠르게 뛰게 하고 에너지 수치를 올려주는 것은 향이 아닌 커피를 마신 후 우리 몸에 흡수되는 카페인 성분이다.

또 다른 예로 이해를 돕자면 우리의 한약과 서양의 아로마테라피는 매우 유사하다. 한약에서 사용하는 약초들 역시 본연의 향을 가지고 있다. 그러나 우리가 이 한약에 쓰이는 약초에서 기대하는 치료 효과는 풍겨져 나오는 특유의 향이 아닌, 그 약초가 가지고 있는 성분들의 효능에 있다. 다시 말해 한약은 식물의 향이 아닌 성분을 이용해 사람을 치료한다.

이런 개념으로 볼 때 아로마 에센셜 오일을 한약의 원리와 같다고 생각 한다면 이해가 조금 더 쉽지 않을까?

앞으로 우리는 아로마테라피를 이해할 때 식물의 향기에만 집중할 게 아니라, 그 식물 성분의 치유적 효능에 더 관심을 가지고 주목할 필요가 있다.

이 책에 나와 있는 정보는 반려동물의 일상에서 생길 수 있는 소소한 건강상의 문제를 개선하는데 도움이 되는 방법을 제시한 것으로, 결코 수의사의 진료와 치료를 대신할 수 없습니다. 어떠한 경우에도 의학적 진단이나 처방을 대신할 수 없으며, 저자와 출판사는 본문 내용에 관련하여 독자들의 잘못된 방법으로 인해 발생된 실수나 문제에 대해 어떠한 책임도 질 의무가 없음을 알려드립니다. 아로마테라피로 반려동물의 건강관리를 원하시는 분들은, 부작용을 줄이고 최상의 효과를 보기 위해 전문가들에게 정확한 교육을 받은 후에 사용하시기를 권장합니다.

목차

Section 1

반려동물의 특성과 본능을 이용한
피토아로마테라피

Section 2

아로마테라피

9

Section 3

반려동물 아로마테라피에 있어 에센셜 오일 적용 방법

Section 4

반려견을 위한 생활 속 테라피 스프레이 만들기

10

Section 5

반려견의 주요 증상별 피토아로마테라피 적용 프로토콜

12

Section 6

반려견의 털과 피부 유형별 샴푸 블렌딩

Section 7

고양이를 위한 피토아로마테라피

Section 8

반려동물을 위한 하이드롤라테라피

Section 9

반려동물을 위한 에센셜 오일

Section 10

반려동물에게 유용한 식물 오일

Section 1

반려동물의 특성과 본능을 이용한
피토아로마테라피

동물은 인간보다 후각이 훨씬 더 발달해 있고 본능적으로 치유 효능을 가지고 있는 식물을 알고 있다. 프랑스에서는 이런 식물의 효능을 과학적으로 증명해 놓은 임상결과를 바탕으로 식물로부터 얻은 각종 오일과 하이드롤라로 반려동물의 생활 질병을 치유해 건강관리를 해주는 피토아로마테라피가 빠르게 대중화 되어가고 있다.

수의사들의 진료와 임상실험을 통해 에센셜 오일의 효능과 안전성이 증명되고 있으며, 반려동물을 위한 증상별 처방이 다양한 방식으로 대중에게 공개되면서 더욱더 믿을 수 있는 제품으로 인정받고 있다.

예로 항기생충 작용을 하는 에센셜 오일로 벼룩이나 기생충들을 없애고, 세포 재생과 순환을 돕는 에센셜 오일로 상처를 치료하며, 관절의 문제를 완화시키고, 털을 아름답고 윤기 나게 관리할 수도 있다. 그리고, 카모마일과 라벤더 하이드롤라를 사용하여 동물의 상처를 세척하고 소독할 수 있으며, 상처의 염증을 막아주고 피부 질환 치료를 도울 수 있다.

이렇듯 과학적 검증과 임상을 통해 그 효과가 인정된 식물이 있다면, 우리는 당연히 반려동물의 건강을 위하여 관심을 가져야 하지 않을까?

피토아로마테라피는 동물에게 합성 화학 약물을 덜 사용하게 해주며, 치료 보완제 또는 대체제로 적용할 수 있다.

피토테라피의 정의

인간은 인류의 탄생과 함께 식물의 효능에 대해 끊임없이 연구해 왔다. 그에 대한 과학적 증명 역시 계속 이어지고 있으며, 오늘날에도 여전히 식물은 전 세계 수백만 명의 인류에 의해 자연 약제로 사용되고 있다.

피토테라피라는 용어는 "phyton, therapein"이라는 그리스 단어에서 유래하며, 주 성분이 식물인 약제 또는 치료 목적으로 식물을 사용함을 의미한다.

세상에 알려진 250,000여 식물 종 가운데 WHO (세계보건기구)는 20,000종 이상의 식물을 의약적 효능이 있다고 목록화 했으며, 그 중 1,200개의 식물이 현재 약전에 기록되어 있다. 현재 우리에게 알려진, 가장 오래된 식물의 치료적 효능 관련 자료는 에베르스 (Ebers) 파피루스에 기록된 기원전 16세기 약제 치료법으로 이집트 문명에서 발견되었다.

110 페이지에 달하는 이 파피루스는 그 당시 이집트 약제로 사용된 700여 종 이상의 수많은 물질이 기록되어 있다. 수 세기를 거쳐, 피토테라피 (약용식물치료법)는 서서히 진화하며 실제로 치료를 위하여 사용되었고, 19세기 말까지 사람과 동물의 주요 기본 치료법이기도 하였으며, 현재에도 여전히 전 세계 수백만 사람

들에 의해 사용되고 있다.

현대 약품은 19세기부터 개발되기 시작하여 과학적으로 증명된 효과를 토대로 빠르게 진보하고 있는데, 이러한 합성 화학 의약 산업은 피토테라피 (약용식물치료법)를 희생시키며 발전했다. 그러나, 자연과 환경에 대한 새로운 관심과 함께 피토테라피에 대한 관심 역시 최근 되살아나고 있고, 과학적으로 효능이 증명되면서 빠르게 진보하고 있다.

1986년부터 피토테라피는 프랑스 보건부에 의해 완전히 현대 의학과 대등한 치료학으로 인정되고 있고, AMM (시판 인가 기관)은 식물에서 만들어진 수많은 약제의 무독성과 효능에 대해 보장하고 있다.

피토테라피 (약용식물치료법)식물과 현대 의약은 서로 보완적인 두 종의 약제이다. 약용식물치료법이 예방적으로 장기적인 치료에 적합하다면, 현대 의약은 긴급을 요하거나 좀 더 심한 증상을 위한 치료에 필요하다.

피토아로마테라피의 가치와 동물에게
효과적인 이유

피토아로마테라피는 지구상에서 수 천 년 동안 이어져 온 자연 치유의 재발견이다. 주요 활성 성분으로 가득 찬 자연 물질로 우리의 반려동물을 신체적, 정신적으로 보다 건강하고 행복하게 만들어 주는 자연친화적 치유 방법 중 하나이다.

자연으로부터 멀어진 생활 속에서 인간과 동물에게 쌓여가는 스트레스와 약해져
가는 면역력을 조절하고, 활력을 되찾게 해주는 효과도 있다. 인간과 마찬가지로
동물의학 또한 치료와 예방에 목적을 두고 있다.

그러나, 몸과 마음이 동시에 치료가 되어야지 어느 한쪽에 치우친 치료법은 장기
적으로 볼 때 결코 좋은 치료 방법이 아니다.

곧, 피토아로마테라피는 자연이 제공하는 치유 물질을 통해 자연의 섭리에 따라
몸과 마음의 상태를 균형에 맞춰 건강하게 지켜나가기를 제안한다.

그렇다고, 모든 합성 화학 약물을 거부하고 자연 물질만을 고집하지는 않는다.
오히려 합성 화학 약물의 장점을 인정하면서, 인간과 동물에게 에너지와 건강성
분을 제공하는 자연 물질에 대해 관심을 두고, 서로 충돌 없이 보완, 선택되기를
원한다.

인간의 동물 사랑 속에서 성장한 피토아로마테라피

야생 동물은 어떤 정보에 의해서가 아니라 본능적으로, 자신의 원활한 신진대사에 필요한 식물을 고유의 향을 통해 알고 있다. 집에서 키우는 반려동물은 자신에게 필요한 식물을 찾아 먹음으로 스스로를 치료하는 "자가 치료 탐색" 능력을 많이 잃어버렸지만, 본능은 여전히 남아 있다. 그래서 아프거나 병든 개들은 동물의 본능에 의해 정원이나 공원에서 대체할 만한 풀들을 뜯어 먹곤 한다. 그런 원리를 이용해 동물을 키우는 사람들은 아주 오래 전부터 동물에게 해가 되는 각종 벌레나 기생충을 없애기 위해 식물을 이용하였고, 마른풀, 풀죽, 훈증, 데콕션, 약초를 우려낸 차 등을 사용한 허브 레시피로 임상하면서 동물의 건강을 관리해왔다.

18세기 프랑스 기마 학교 수의사가 말을 치료하기 위해 식물 추출물을 복용하도록 처방하였는데, 그때 처방된 용량이 치료 효과를 보이며 의학적으로 증명되면서, 수의학에 있어서 가장 중요한 첫 번째 업적으로 기록되었다. 그 후, 20세기에 들어서 현대 아로마테라피의 아버지라 불리는 두 사람, 가트포쎄와 세벨렝지(Gattefossé & Sévelinge)가 인간에게 사용하던 에센셜 오일을 동물에게도 적용하면서 그 임상결과가 의학적으로 평가되고 입증되었다.

1985년경엔 몇몇 프랑스 제약회사가 아로마 식물에서 추출한 성분만으로 만든

동물치료제를 개발 연구하는데 투자했고, 반려동물을 포함한 가축의 각 기관별 질병을 치료하기 위해 에센셜 오일을 주 성분으로 한 아로마 식물 대체제를 개발하기 시작했다. 이렇듯, 수세기에 걸친 전통과 경험을 바탕으로, 오늘날 식물 추출물 정수인 에센셜 오일의 치유적 효능이 과학적으로 증명되면서, 인간과 동물을 위한 안전한 대체 치료제로 부상하고 있다.

아로마테라피는 특히나 프랑스에서 많은 수의사들에 의해 재조명되어 혁신적인 투자와 연구를 통해 급성장을 하고 있으며, 동물치료를 위한 에센셜 오일 시너지 블렌딩이 처방되고 진료되고 있다.

Section 2

아로마테라피

아로마테라피의 정의

"아로마테라피"라는 현대적 용어는 1928년 프랑스 화학자 르네-모리스 가트포세 (René-Maurice Gattefossé)에 의해 처음 사용됐으며, "휘발성 아로마 물질을 통한 테라피"를 의미한다.

아로마테라피는 "테라피적" 관점으로 볼 때 과학적 또는 의학적 범위에서 인식되고 적용되어야 하며, 실제로 인간과 동물에게서 발생되는 광범위한 건강 문제의 예방, 치료제 또는 치료를 위한 보완제 기능을 한다.

아로마테라피의 역사

아로마 식물을 사용했던 첫 번째 흔적은 서기 40,000년경 호주 원주민이 유칼립투스 잎과 다른 토착 식물의 잎을 찧어 상처에 발라 찜질하면서 치료하는 광경을 그린 동굴 벽화에서 발견 되었다. 아로마 식물이 가장 많고 풍부한 서식지 중 하나인 인도는 식물을 치료용으로 사용하는 아유르베다 의학으로 유명하다.

아유르베다는 아로마 식물 사용의 초석이 되었으며, 아유르베다 식물에서 추출된 에센셜 오일은 프라나 (Prana ~ 에센셜 오일 에너지로부터 얻어진 삶의 숨결)로 간주된다.

또한, 피토아로마테라피의 산실 중 하나인 중국에서는 8000개 이상의 식물로 만든 제조법 Pen Tsao를 계승한 가장 오래된 약전이 발견되었다. 그 중에서도 에센셜 오일 사용에 있어서 가장 진보한 문명은 화려한 파라오 왕조 시대의 이집트로써, 특정 아로마 식물의 항박테리아, 방부제 효능을 완벽하게 파악하여 미이라 방부 처리에 사용하였다.

식물 오일과 아로마 에센스로 방부처리된 파라오들은, 그 식물 성분들의 놀라운 항균작용으로 인해 무덤에 안착되고 5000년 가까이 지난 후에도 신기할 정도로 원상태를 유지한 채 미이라로 발견되고 있다.

현대 의학의 아버지라 불리는 히포크라테스는 그의 주요 저서인 "Meterial

Medica"에서, 식물을 이용해 질환과 싸우는 자가 치유력 강화 효능을 가진 에
센셜 오일에 대해 다루었다.

아랍의 아비센느 (Avicenne)는 1000년경에 수증기 추출법으로 에센셜 오일을
증류 할 수 있는 연금술 방식을 만들어 냈다. 그러나, 이 시기 유럽은 암흑기를
겪고 있어 12세기가 되어서야 비로소 십자군들의 복귀와 함께 기사들이 수증기
증류기를 유럽으로 가져와 에센셜 오일을 사용할 수 있게 되면서 서양에 아로마
테라피가 제대로 자리잡을 수 있었다.

중세 시대 말기와 르네상스시대는 에센셜 오일 암흑기로, 에센셜 오일의 효능에 대해 관심을 갖지 않다가 20세기 초, 프랑스 화학자이면서 약사인 가트포쎄 (Gattefossé)가 심한 화상을 라벤더 오일로 치료하면서, 에센셜 오일의 살균 효능에 대해 재조명하게 되었다.

그후, 1929년 리옹의 약사인 세벨렝쥐 (Sévelinge)는 수의학 영역에서 연구를 이어가, 아로마 물질의 높은 항박테리아 작용 잠재력을 확인하였다.

1964년 프랑스 군대 외과의사였던 닥터 발레 (Dr. Valnet)는 현장 진료 중에 에센셜 오일을 사용, 효능을 검증하였다. 그 후, 일반인들을 위한 아로마테라피에 대한 책을 써 에센셜 오일의 놀라운 효능을 세상에 알리며 대중화 시켰다.

그 후로, Durafour, Pellecuer, Belaich 등에 의해 에센셜 오일이 더욱 심오하게 연구되어 완성되면서, 의학의 세계에서 점 점 더 과학적으로 전문화되어 발전하였다.

아로마테라피의 과학적 분석과 도약

20세기에 들어 산업혁명과 함께 합성 화학의 도약과 개발이 집중되면서 막 꽃피우고 있었던 피토아로마테라피 식물 물질들이 등한시 되었다. 그 결과 오늘날 인간과 지구는 지난 세기를 통한 합성 화학 남용의 결과로 발생한 오염된 공해, 다이옥신, 광우병 등으로부터 끊임없이 고통 받게 되었다. 대량 생산과 값싼 가격으로 자연 물질들을 대체했던 수많은 합성 화학 물질들의 부작용과 피해가 서서히 드러나며 치명적 위험으로 대두되는 현실 속에서, 우리는 우리의 건강과 삶을 보호할 수 있는 새로운 테라피적 접근 필요성을 절실하게 느끼게 되었다.

시대의 요구와 함께, 현대 아로마테라피는 1975년 피에르 프랑콤 (Pierre Franchomme)이 에센셜 오일의 성분을 양적, 질적으로 좀 더 정확히 입증하고자 케모타입 (Chémotype)이라고 불리는 과학적 표기를 정의, 크로마토그라피 분석 시스템을 에센셜 오일에 도입하면서 새로운 전환점을 맞게 된다.

그 결과, 식물의 속성이 정확하게 파악되어 약물로서의 치료 결과를 크게 최적화시킬 수 있었으며, 치료에 있어서 실패를 줄이고 부작용 또는 독성의 위험을 감소시킬 수 있게 되었다.

이후, 프랑스 학교들에 의해 과학적, 의학적 아로마테라피가 빛을 보게 되며 발전을 거듭해 갔고, 마찬가지로 특정 에센셜 오일을 사용하는 가정이 늘어가면서 자연 물질을 이용해 좀 더 안정적으로 건강하게 웰빙을 누리는 삶을 가능케 해주고 있다.

오늘날 피토아로마테라피의 성공적 사례가 계속 증명되고 있으며, 괄목할 만한 효능 역시 과학적으로 설명되고 있다.

합성 화학과 모든 자연 물질 각각의 유익점을 고려하지 않는 대립된 논쟁은 불필요하며 우리는 객관적이고 열린 시선으로 두 치료법의 장점을 대등하게 인정할 필요가 있다. 분명 이 두 치료법은 서로 공존할 수 있다.

피토아로마테라피의 미래는 새로운 개혁의 시작과 함께 아주 밝다. 자연은 아직도 우리가 다 이해하고 파악하지 못하는 예상 불가한 세계로, 합성 화학이 점점 더 작용하지 못해 치유되지 않는 질환에 있어서도 피토아로마테라피는 효능 있고 신뢰할 수 있는 해결책을 제시하기에 충분한 역량을 갖고 있음에 주목할 필요가 있다.

에센셜 오일이란?

지구상에서 집계된 백만여 식물종 중에 10%도 되지 않는 식물들만이 방향성
(aromatique) 식물로 분류된다.

아로마 식물들이 식물계 중에서도 가장 진화된 식물로 검증되고 있음으로 볼 때,
아로마 에센스는 식물계 안에서 일종의 진화의 소산이다.

아로마 식물의 아로마 에센스는 식물의 여러 부분 (꽃, 잎, 줄기, 뿌리, 기둥
등...)의 미세한 주머니 안에 존재하고 있다가 수증기 증류법이나 다른 추출 기법
을 통해 주머니 밖으로 배출된다.

에센셜 오일 추출방법

증류법 (La distillation)

증류 추출법은, 증류기 안에서 약한 압을 이용해 아로마 식물들 사이로 수증기를 통과시켜 식물의 아로마 주머니를 터트리면서 생긴 아주 작은 아로마 분자들을 기체 상태로 만든다.

그런 후, 작은 아로마 분자들은 수증기 흐름을 통해 두 번째 증류기로 들어가, 차가운 물이 흐르는 통 속 나선형 모양의 관을 지나면서 응축된다. 에센셜 오일은 액체 상태에서 절대로 물과 혼합 될 수 없기 때문에 이렇게 형성된 응축 상태는 자연적으로 물과 에센셜 오일을 분리하는 효과를 가져 온다. 물보다 덜 응축 (압축)된 성질의 에센셜 오일은 표면에 뜨면서 추출되고, 에센셜 오일의 친수성 일부를 포함한 남은 물은 아로마 하이드롤라로 분류된다.

시트러스 껍질은 아로마 물질이 아주 풍부한데, 실용적 측면에서 볼 때 증류하는 것보다 냉 압착 방식을 통한 추출이 선호된다.

필터링을 거친 후, 동질의 액체를 얻게 되며 이 물질은 에센스라 한다.

특정의 아로마 식물은 아주 귀한 향 물질 (trésors olfactifs)을 가지고 있는데 수증기 증류법으로 추출하기에는 아주 극소량이다.

이때는 왁스 위에 꽃잎 펼치기를 반복하여 서서히 아로마 분자를 흡수시켜 얻어
내는 냉침법 (Enfleurage)을 실시한다.

그렇게 여러 번의 정화 과정을 거쳐 "압솔루트"라고 불리는 순수 결정체인 아로마
추출물이 만들어 지는데 자스민, 로즈, 바닐라 압솔루트 등이 있다.

최근에 새로 나온 추출 방법으로 초임계 CO_2 추출법이 있는데, 아로마 분자의 생
화학 성질이 케모타입 에센셜 오일 성분과 다르게 나타난다.

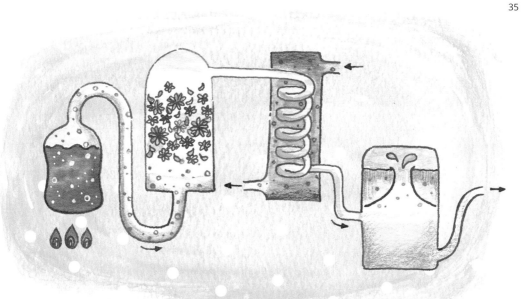

에센셜 오일의 주요 작용 & 효능

에센셜 오일은 강력한 항감염, 살균, 항바이러스 작용을 하며, 항생제를 대체할 수 있는 유일한 자연 물질로 그 효능이 광범위하게 입증되고 있다.
또한 진통, 상처 치유, 지혈, 소화제 효능과 함께 면역력을 높이고 호르몬을 조절하고, 지방을 분해, 배출하며 혈관을 강화시켜 준다.

🍃 항박테리아

치유적 관점에서 평가할 때 에센셜 오일의 가장 대표적인 효능은 항박테리아 (항균) 작용이다.
프랑스의 가트포쎄, 세벨렝지, 뒤라포, 발레 (Gattefossé, Sévelinge, Durafour, Valnet)와 호주의 펜폴드 (Penfold)를 선두로 하여 1925년부터 에센셜 오일의 살균 작용이 증명되기 시작했다. 1979년 프랑스인 폴 벨레쉬 (Paul Belaiche)는 아로마토그램 (Aromatogramm)의 실험을 통해, 수 십 종의 세균에 감염된 환자의 임상 샘플에서 에센셜 오일의 항박테리아 효능이 어떻게 결정적으로 작용하는지를 보여주었다.
그의 실험 결과, 오레가노, 타임, 시나몬, 클로브 버드 에센셜 오일의 아주 강력하고 광범위한 항균 효능이 증명되었다.

에센셜 오일은 세균(박테리아)의 세포벽을 손상시켜 박테리아를 파괴하고, 에너지를 만드는 세포질을 유실시켜 직접적으로 박테리아를 용해시켜 죽게 만든다.

또한, 박테리아의 생산과 독성 활동을 억제하는 작용을 하는데, 감염 발생은 사실상 박테리아 자체보다도 박테리아의 독성이 원인이다.

그렇기 때문에 박테리아 파괴에만 중점을 두는 항생제와 비교할 때, 에센셜 오일의 박테리아에 대한 작용 특성은 항생제 보다 더 나은 장점으로 부각된다.

Ｔｉｐ **항생제에 전혀 반응하지 않는 박테리아도 이기는 항균 에센셜 오일**

시나몬 리프, 시나몬 바크, 오레가노, 아조완, 타임 티몰, 클로브 버드, 오레가노, 세이보리 마운틴, 티트리, 팔마로사, 레몬그라스

* 강력한 항균성 에센셜 오일은 용량을 초과하거나, 특성을 잘 모르고 사용 할 경우 독성 또는 부작용이 있을 수 있으므로 신중한 주의를 요한다.

🪶 항진균

진균은 우리가 일반적으로 부르는 곰팡이 (버섯균)와 효모균을 합한 것으로, 그 중 가장 많이 알려진 것은 사상균, 아구창, 질 칸디다 효모균이다.

티트리는 항진균의 다양한 효능을 지니고 있어, 개와 고양이의 수많은 피부병 원인이 되고 있는 진균에 효과적으로 작용한다.

에센셜 오일의 항진균 작용 방법은 항균 (항박테리아)과 아주 유사하지만, 균이 자랄 수 없게 주변 환경의 pH산도를 조절하여 효모균에 필요한 에너지 생산을 차단하는 특징이 있다.

가장 효과적인 항진균 에센셜 오일
시나몬 리프, 팔마로사, 티트리, 레몬그라스, 로렐, 라벤더 스파이크, 호우드, 오레가노, 타임 제라니올

항바이러스

모든 바이러스는 기생생물로 자신의 생존과 진화를 위해 숙주세포를 필요로 하며, 캡시드라고 불리는 단백질로 만들어진 껍질(균) 안에 유전물질 (DNA 또는 RNA)을 갖고 있다.

숙주의 몸 안에서 바이러스가 번식될 때, 바이러스는 세포막과 유사한 막으로 스스로를 감싸 감염된 신체의 면역 시스템이 바이러스를 찾을 수 없게 만들기 때문에 현재까지 개발된 약물에 의해 공격당하지 않게 된다.

그러나 특정 에센셜 오일은 바이러스의 외피막에 고정, 우리의 면역 시스템이 찾아낼 수 있게 바이러스 입자를 노출시켜 즉각적으로 파괴 할 수 있도록 하는 놀라운 능력을 가지고 있다.

가장 효과적인 항바이러스 에센셜 오일
라빈트사라, 유칼립투스 라디에, 니아울리, 티트리, 타임 투자놀,
마조람 투자놀, 레몬그라스, 오레가노

🌿 항기생충

에센셜 오일은 기생충에서 놀라운 효능이 있으며 다음과 같이 이중으로 작용한
다. 즉, 특정 아로마틱 분자가 기생충의 호흡기를 "불태우고", 좀 더 강력한 분자
가 기생충을 마비시켜 죽게 한다.

이와 같은 방법으로 에센셜 오일은 현재 사용되는 화학 약물과 같은 메커니즘으
로 작용하지만, 화학 약물에 비해 독성과 부작용이 거의 없다.

가장 효과적인 항기생충 에센셜 오일

클로브 버드, 시나몬 리프, 리시아 시트로네, 머틀 시네올,
유칼립투스 글로블르스, 아니스 스타, 시더우드 아틀라스

🍃 면역력 강화

항바이러스 에센셜 오일 대부분이 체계적으로 면역강화 작용을 하며, 관련된 분자들 역시 거의 같다.

즉, 항바이러스 에센셜 오일들이 혈소판 (면역 글르블린) 혈액 비율을 높여주어 면역 시스템에서 작용하면서, 직접적으로는 항바이러스 효능을 보인다.

 가장 효과적인 면역강화 에센셜 오일

라빈트사라, 유칼립투스 라디에, 니아울리, 티트리, 타임 투자놀, 오레가노, 클로브 버드

🌿 항염

염증은 감염, 관절 또는 순환계의 외상성 상해가 진전되면서 가장 자주 발병되는 복잡한 과정의 질환이다. 초기 단계의 염증은 단순히 원인, 즉 감염원을 제거하면 저지될 수 있고, 그 결과 면역 반응이 멈춰지면서 염증 반응도 역시 멈추게 될 것이다. 바로 여기에 면역–변조 작용을 하는 에센셜 오일이 작용한다.

또 다른 에센셜 오일들은 전자를 주기도 하고 받기도 할 수 있는데, 이러한 전하의 단순한 이동을 통하여 염증 진원에 직접적으로 관여한다.

즉, 화끈거리는 염증 진원은 "음전자" 에센셜 오일로 과도한 양전하를 상쇄하면서 염증의 강도를 경감시키고, 백혈구 등 면역 기능을 수행하는 세포를 활성화하는 에센셜 오일로 국부 염증 (화끈거림)의 독소를 배출한다.

가장 효과적인 항염 에센셜 오일

윈터그린, 카모마일 로만, 레몬그라스, 유칼립투스 시트로네,
페티그레인, 일랑일랑, 헬리크리섬, 버베나 시트로네, 라벤더 파인,
라반딘 수퍼, 카트라페이 (Katrafay)

진통 & 진경

에센셜 오일로 경련과 통증을 진정시키고 제거하는 방법에는 다음과 같은 메커니즘이 작용한다.

항근육성 또는 항신경성 작용 메커니즘

특정 아로마 분자들은 신경 정보 신호를 전파하는 나트륨 이온의 흐름을 억제하면서 신경 정보신호를 차단한다.

자극에 대한 차가운 작용 메커니즘

급냉각에 의해 통증을 멈추게 하는 메커니즘으로 얼음 효과 또는 냉기를 통하여 일종의 마취 효과를 발생시킨다. 민트 종류의 에센셜 오일이 이런 기능을 한다.

자극에 대한 따뜻한 작용을 하는 메커니즘

따뜻하게 해서 혈관을 확장, 순환을 촉진시키고 통증의 원인이 되는 독소를 배출하는 메커니즘으로 클로브 버드 또는 윈터그린 에센셜 오일이 이런 작용을 한다.

가장 효과적인 진경 에센셜 오일

바질, 타라곤, 페티그레인, 라벤더 파인

가장 효과적인 진통 에센셜 오일

클로브 버드, 페퍼민트, 야생민트, 로렐, 윈터그린, 아조완,

세이보리 마운틴

진정 & 안정

진정과 안정 작용을 하는 특정 에센셜 오일들은 중추 또는 자율 신경계에서 작용하며 특별히 우울증, 신경안정, 자연적 진정 등에 강력하게 작용한다는 것이 증명되었다. 염증의 경우에서 증명된 바와 같이, 특정 분자들은 음 전하를 전송하는 시스템을 통해 중추 신경계에 직접 작용한다. 예를 들어, 신경쇠약은 전자가

균형을 이루어야 하는 중추 신경계의 염증의 한 종류다.

릴렉스 작용을 목적으로 할 경우, 부교감 신경을 자극하거나, 교감신경을 억제하거나, 둘을 조합한다. 부교감 신경을 자극하는 에센셜 오일은 라벤더 파인, 만다린 등이 있고, 교감 신경을 억제하는 에센셜 오일은 기관에 휴식을 줄 수 있는 가장 강력한 작용을 하는 마조람이 있다.

또한 신경계의 균형을 담당하는 모노테르페닉 알코올은 각각 개인의 상태에 따라 진정 또는 촉진 작용을 해주면서 신경 조절을 해준다. 마찬가지로 리나놀(linalol)과 같은 테르페닉 알코올 에센셜 오일은 종종 불면증을 완화시키고 수면을 쉽게 해준다. 라벤더 파인 (lavandula vera)은 거의 80% 테르페닉 에스테르와 리나놀로 구성되어 있어 진정작용과 우울증에 아주 효과적이다.

가장 효과적인 진정 & 안정 에센셜 오일

마조람, 만다린, 라벤더 파인, 카모마일 로만, 버베나 시트로네, 라빈트사라, 라반딘 수퍼, 페티그레인, 레몬그라스

점액 용해, 기관지 확장, 거담제

기관지 확장과 거담 효과에 대한 유칼립투스의 효능은 이제 대중적 명성을
얻고 있으며 아주 효과가 뛰어나다는 것이 입증되고 있다. 특별히 유칼립톨
1,8-cineole 분자의 작용이 관찰되었고, 시네올 분자 에센셜 오일이 우수한 거
담제와 기관지 확장제로 자리매김 하고 있다.

 가장 효과적인 점액 용해 에센셜 오일

유칼립투스 다이브스

 가장 효과적인 거담제 에센셜 오일

라빈트사라, 유칼립투스 라디에, 니아울리, 머틀,

로즈마리 시네올, 로렐

에센셜 오일을 항생제로 사용해야 하는 이유

●● **에센셜 오일은 항생제 내성을 유발하지 않는다.**

오늘날 항생제가 예전처럼 더 이상 효과적이지 않다는 것은 잘 알려진 사실이다. 국제보건기구에 따르면 현재 사용되는 많은 수의 항생제가 10년 또는 20년 후 더 이상 존재하지 않을 것이라 한다.

50

항생제 처방을 받고 너무 일찍 복용을 멈추어 버리면, 항생제는 변형되거나 죽지 않고 남아 생존하고 있는 수많은 균들에 더 이상 작용하지 않게 되며, 그 결과 약의 용량을 높여야만 된다. 이것이 바로 항생제 내성으로, 환자가 정작 급박하게 필요로 할 때 항생제가 제대로 효과를 발휘하지 못해 아주 심각한 문제로 발전될 수 있다. 지금 전 세계적으로 항생제 남용이 심각한 문제로 대두되고 있다.

그러나, 에센셜 오일은 사용함에 따라 약화되지 않고 치료를 위하여 계속 용량을 높일 필요가 없다. 왜냐면 아주 다양한 에센셜 오일의 성분들이 미생물이 내성을 만들지 못하게 하며, 작용면에서 강화되어, 박테리아가 적응하고 생존 할 수 없을 만큼 더 혼합되기 때문에 에센셜 오일들이 서로 블렌딩 될 때의 시너지는 더욱 효과가 있다.

●● **대부분의 항생제 역할을 하는 에센셜 오일은 또한 항바이러스제이기도 하다.**
이비인후과 (ENT) 질환의 10중 8은 바이러스 때문이다.
하지만 처방되는 항생제는 바이러스 퇴치에는 무용지물이다. 반면, 에센셜 오일은
바이러스를 퇴치하고 예방적 항생제 작용을 하기 때문에 중복 감염을 막아준다.
예를 들어, 감기나 독감 (바이러스 질환)을 치료하면서, 기관지염 또는 부비강염
(박테리아 질환)으로 발전되는 것을 막아준다.

●● **항생제는 기본 기능 (유기체 & 신진대사)을 막아 균이 살아남지 못하게 한다.**
그러나 에센셜 오일은 이러한 균이 살 수 없도록 환경 또한 바꾸어 준다.

●● **에센셜 오일은 병이 재발하지 않도록 면역 반응에는 긍정적으로 작용하면
서, 해로운 균의 번식만 멈추게 한다.**
반면, 항생제는 좋은 균이건 나쁜 균이건 집단적으로 파괴한다.

•• 에센셜 오일은 빠르고 아주 효과적으로 부작용과 내성이 있는 항생제 복용 없이도, 대부분 겨울철 호흡기 질환을 치료할 수 있다.

•• 에센셜 오일의 항생제 효능은 다양한 박테리아를 죽일 수 있지만, 항생제 약물은 몇몇 균에서만 작용한다.

•• 분사되거나 디퓨즈된 에센셜 오일은 10분 안에 방을 살균해 준다.
겨울철, 사무실, 집안의 바이러스, 박테리아 번식을 효과적으로 예방 할 수 있다.

 항생제/살균제 역할을 하는 에센셜 오일
오레가노, 시나몬, 타임, 클로브 버드

일반 의학에 있어서 에센셜 오일의 미래

병의 치료를 위해, 항박테리아 치료법이 종종 사용되어 빠른 효과를 거두기도 한다. 그러나 그 부작용 중 하나가 우리 면역을 책임지고 있는 물질을 부분적으로 파괴하는 것이다.

면역쇠약은 다른 바이러스 또는 미생물의 침입을 받게 하며, 더 강력한 항생제 치료를 필요로 하게 된다.

즉, 항생제를 더 많이 복용 할수록 면역력은 감소되고 감염의 재발 위험은 더욱 더 커지는 악순환이 이어지는 것이다.

그러나 에센셜 오일의 항감염 작용은 생명을 다시 돌아오게 해준다. 유해한 장속 균을 보호하는 에센셜 오일은 자가 면역을 키워 바이러스 감염을 물리치게 하므로, 몸의 면역력을 키워주면서 외부로부터 침입하는 바이러스를 제거해 주는 작용을 한다.

에센셜 오일의 효능에 대해 프랑스를 중심으로 의학계가 빠르게 주목하고 연구하고 있으며, 에센셜 오일은 의학계에서의 위치가 더욱 확고해질 전망이다.

Section 3

반려동물 아로마테라피에 있어
에센셜 오일 적용 방법

지금껏 향을 더 강조해 왔던 아로마테라피는, 자연의 놀라운 정수인 에센셜 오일을 다양한 방법으로 적용함으로서 인체의 건강을 치유, 예방해 줄 뿐만 아니라 몸, 정신, 감정이 효과적으로 안전하게 균형을 유지 할 수 있도록 해준다.

인간에게 효능을 보이는 에센셜 오일은 동물에게도 같은 결과를 보인다. 사람보다 민감해 식물의 효능에 더 빨리 반응하는 동물의 본성으로 볼 때, 후각 활동을 도우며 정신의 안정에도 작용하는 에센셜 오일을 통한 아로마테라피는 반려동물의 건강관리를 위한 최선의 자연적 해결책이라 볼 수 있다.

그러나, 동물의 피부는 사람의 피부와는 확연하게 다르다. 개와 고양이는 피부에 땀샘이 없고, 일반적으로 사람보다 몸집이 3~50배 작다. 향에 아주 민감하며, 혀가 닿는 부위의 모든 것을 핥는 경향이 있다. 동물은 후각이 사람보다 훨씬 발달해 냄새가 더 강하게 전달된다. 이를 볼 때 반려동물에 사용하는 에센셜 오일의 처방은 사람에게 사용하는 것과는 분명히 달라야 한다.

에센셜 오일의 적용 방법

 피부를 통한 흡수법

에센셜 오일은 친유성으로 피부에 잘 흡수되고, 모세혈관까지 흡수된다.

국소 부위에 적용된 에센셜 오일은 15분 후 피 속에서 그 성분이 발견된다.

피부에 에센셜 오일 적용 시 알아두어야 할 기본 원칙

- 감광성, 알러지 유발, 피부 부식을 유발할 수 있는 에센셜 오일은 피한다.

- 절대로 코, 입술, 귀, 생식기 등과 같이 민감한 점막 부분에는 희석하지 않은 에센셜 오일을 바르지 않는다.

- 희석된 에센셜 오일이라도 눈 주변에는 절대로 바르지 않는다.

라벤더 스파이크

샴푸와 함께 블렌딩해서 사용

0.5~3%의 비율로 에센셜 오일을 샴푸에 넣어 사용할 수 있다.
어떤 에센셜 오일은 샴푸와 블렌딩되었을 때 샴푸를 묽게 만들 수도 있으나 샴푸의 거품과 세정력을 변화시키지는 않는다.

 ## 희석하지 않은 100% pure 에센셜 오일

피부에 자극되지 않는 에센셜 오일로 국부적으로 마사지할 경우 (문질러줌, spot on) 희석하지 않은 에센셜 오일을 사용할 수 있다.
이 경우 털 반대방향으로 잘 마사지 해주고 목이나 등과 같이 동물이 핥을 수 없는 부위를 선택해서 발라줘야 한다.

 ## 식물 오일과 블렌딩한 에센셜 오일

개와 고양이의 털로 인해 식물 오일과 블렌딩한 에센셜 오일은 사용에 제한이 있어 사실상 이 방법은 반려동물에게 아주 드물게 적용된다.

오일 성분 없는 겔에 블렌딩한 에센셜 오일

카보머 2% 겔을 가장 많이 사용하는데, 이러한 겔의 특성은 피부에 얼룩을 남기지 않고 오일감 없이 시원하고 빠르게 잘 흡수된다는 장점이 있고, 에센셜 오일과 잘 블렌딩되어 류머티즘, 항염제 등에 다양하게 적용될 수 있다.

또한 상처 위에 냉찜질용으로도 사용될 수 있으며 동물의 피부 보습과 영양을 고려한다면 알로에베라 겔 사용이 더 추천된다.

이러한 겔에 에센셜 오일을 2~15% 비율로 블렌딩하여 사용할 수 있다.

에센셜 오일 디퓨전

공기에 에센셜 오일을 디퓨전하여 반려동물, 특히 고양이의 소소한 질환을 치료할 수 있는 방법이다.

밀폐된 공간에 증상별로 블렌딩한 에센셜 오일을 약 10분쯤 디퓨전 한다.

아로마 분자로 공기가 가득 채워지면 동물을 그 공간에 넣어 15~20분 정도 머물게 해 호흡기에 서서히 작용하게 하는 방법이다.

에센셜 오일의 희석 비율

경우에 따라 에센셜 오일은 피부에 원액 그대로 사용될 수도 있다.(벌레에 물린 경우 – 티트리, 화상 또는 독성있는 벌레에 물린 경우 – 라벤더 스파이크) 그러나 대부분의 경우에는 희석하여 사용해야 한다. 적용경로, 원하는 효과, 에센셜 오일 종류에 따라 다양한 희석 재료가 고려될 수 있는데, 일반적으로 추천되는 최대 희석 비율은 다음과 같다.(EO – 에센셜 오일)

- 1% EO   화장제품
- 2% EO   코, 귀 경로를 통한 사용
- 3% EO   스트레스 관리 시
- 5% EO   혈액 & 림프순환
- 10% EO   근육 작용
- 15% EO   혈류 순환계 작용
- 20% EO   강력한 국부사용 작용
- 50% EO   원액 사용이 주저 될 때 (원액 사용 가능한 에센셜 오일에서)
- 100% EO   위험 없이 원액 사용 가능한 에센셜 오일
              (ex: 라빈트사라, 라벤더 파인, 로즈우드 에센셜 오일)

에센셜 오일의 방울 수 계산

일반적으로 우리나라에서 에센셜 오일 방울 수는 아래와 같이 1ml에 20방울로
계산을 한다.

- 에센셜 오일 1ml   = ± 20방울
- 에센셜 오일 1방울 = ± 20mg
- 에센셜 오일 5ml   = ± 100방울
- 에센셜 오일 10ml = ± 200방울

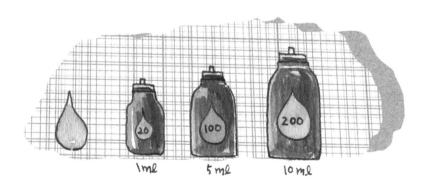

프랑스 브랜드의 경우 1ml에 35방울로 계산하여 표기되고 있다. 그 이유는 약국에서 스포이드를 사용하여 방울 수를 계산하는 경우는 1ml를 20방울로 계산하고, 시판되고 있는 에센셜 오일 병에 부착되어 있는 드롭을 사용하는 경우에는 1ml를 35방울로 계산한다고 설명하고 있다.

- 에센셜 오일 1ml   = ± 35방울
- 에센셜 오일 1방울 = ± 30mg
- 에센셜 오일 5ml   = ± 175방울
- 에센셜 오일 10ml = ± 350방울
- 에센셜 오일 1ml은 대략 ± 900mg (거의 1gr)으로 계산된다.

위와 같이 에센셜 오일 방울 수의 차이가 있음을 인지하고, 1ml에 20방울 수로 시작해 반려동물이 에센셜 오일에 잘 적응할 수 있게 해준다.

프랑스 브랜드 에센셜 오일을 사용하는 경우, 서서히 1ml를 35방울로 올려 가는 것을 추천한다.

반려동물에게 에센셜 오일 사용 전 주의 사항

반려동물은 우리 인간들보다 후각이 훨씬 더 발달해 있다. 특히, 개의 경우 최소 약 20배 이상으로 발달 되어 있다. 그러므로, 동물에게 사용되는 에센셜 오일은 인간에게서 사용될 때와는 다르게 사용해야 한다. 에센셜 오일의 용량을 임의로 높인다든지 필요 이상 너무 자주 사용하는 것을 피하고, 적용 방법, 사용 시 주의 사항, 부작용, 금기사항 등 역시 동물마다 다르게 적용해야 한다.

- 반려동물의 체중에 비례하여 에센셜 오일의 용량을 정확하게 사용한다.
- 사용상 주의사항은 엄격하게 지켜져야 한다.
- 갓 태어난 아기 동물에게는 에센셜 오일을 사용하지 않는다.
- 3개월 미만의 동물, 임신 또는 수유 중에 있는 암컷에게는 사용하지 않는다.
- 간질, 천식, 알러지 증상이 있는 동물에게는 사용하지 않는다.
- 절대로 혈관 또는 근육에 에센셜 오일을 주사하지 않는다.

- 눈에는 절대로 사용하지 않는다. 잘못하여 눈에 분사되었을 경우, 순 식물 오일을 솜에 충분히 적신 후 눈을 닦아주거나 안구에 식물 오일 한두 방울을 떨어뜨린다. 물로 세척하지 않는다.

- 에센셜 오일은 물에 잘 녹지 않기 때문에, 욕조나 접시 (음식)에 떨어뜨리면, 표면에 둥둥 떠다니게 되어 피부에 화상이나 자극을 유발할 수 있다. 그러므로 항상 미리 희석해 놓아야 한다.(중성 액체 비누, 식물 오일, 꿀, 리퀴드크림, 에센셜 오일 솔루빌라이저 등)

- 에센셜 오일을 사용하기 전에 식물 오일 한방울에 사용하려는 에센셜 오일 한방울을 블렌딩하여 다리 접히는 부분에 발라 알러지 테스트 하는 것을 권장한다. 24시간이 지날 때까지 특별한 이상 반응이 없다면 그 에센셜 오일을 사용할 수 있다.

반드시 희석해서 사용해야 할 에센셜 오일

다음의 에센셜 오일은 피부 부식성이 있어서 희석 없이 직접 사용할 경우 피부에 화상을 입히거나 자극을 줄 수 있으므로 직접 바르는 것을 금한다.

시나몬, 바질 엑조틱, 클로브 버드, 니아울리, 타임 티몰, 실베스터 파인, 마조람, 세이보리 마운틴, 레몬그라스, 민트

*심한 질병이나 증세가 오래 지속될 경우에는 반드시 수의사의 진료를 받아야 한다.

Section 4

반려견을 위한
생활 속 테라피 스프레이 만들기

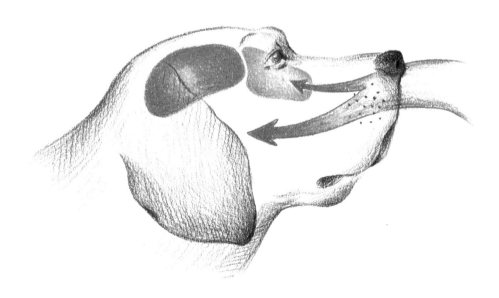

에센셜 오일의 탁월한 항균 효과는 이미 잘 알려진 사실이며 과학적으로도 증명되고 있다. 공기를 정화시키기 위한 항균 에센셜 오일 사용은 동물뿐만 아니라 사람의 건강을 위해서도 추천되며, 함께 거주하는 공간에 배어 있는 반려동물의 냄새 탈취에도 효과적이다.

주거공간의 공기정화 및 강아지 냄새 탈취 스프레이

아픈 동물을 위한 공기 살균 효능과 함께 강아지 냄새를 제거해 주며, 반려견의 기분을 좋게 하고 안정시키는 효과도 있다.

- 티트리 EO   6방울   ▶ 항균, 항기생충, 진균
- 리시아 시트로네 EO   7방울   ▶ 진정 & 프레쉬한 시트러스 향
- 라벤더 파인 EO   5방울   ▶ 안정 & 릴렉싱
- 일랑일랑 EO   2방울   ▶ 진정 & 안정, 달콤한 꽃 향
- 용해제   2g
- 약국 알코올   10ml
- 라벤더 하이드롤라   30ml

산책 시 벌레 및 모기 퇴치 토너 스프레이

강아지 산책 시 몸 전체에 뿌려준다. 눈 쪽은 피해서 뿌려준다.

- **유칼립투스 시트로네 EO**   5방울
- **라벤더 파인 EO**   5방울
- **제라늄 EO**   10방울
- **레몬그라스 EO**   10방울
- **용해제**   2g
- **약국 알코올**   10ml
- **시더우드 또는 제라늄 하이드롤라**   30ml

베이스로 블렌딩할 때 벌레 퇴치 효과뿐만 아니라 동물의 피부와 털에
보습을 주는 하이드롤라

- 시더우드 하이드롤라
- 주니퍼베리 하이드롤라
- 제라늄 하이드롤라
- 로즈마리 하이드롤라
- 더글라스 퍼 하이드롤라

벌레물림 시너지 블렌딩

아래 시너지 블렌딩 2~4방울을 벌레 물린 부분에 발라 문지르고 가볍게 두드려준다. 이 시너지 블렌딩은 동물뿐만 아니라 사람에게도 효과가 있고 벌에 쏘였을 때도 적용할 수 있다. 단, 벌침이 남아 있는지 확인 후 발라 주도록 한다.

- **라벤더 스파이크 EO**   9ml
- **페퍼민트 EO**   0.5ml
- **카모마일 저먼 EO**   0.5ml

산책 후 발 세정 스프레이

산책이나 외출 후 라벤더 하이드롤라, 티트리 하이드롤라, 카모마일 하이드롤라를 단독으로 사용하거나, 같은 양으로 블렌딩 해서 뿌려주면 산책 후 발 세정 및 소독 효과가 우수하다. 대부분의 하이드롤라는 부드러운 성분과 함께 항염, 소독, 피부 토닉 효과 역시 뛰어나고 사용하기도 간편하다.

- 니아울리 EO   5방울
- 팔마로사 EO   7방울
- 로즈마리 버베논 EO   3방울
- 제라늄 EO   5방울
- 용해제   2g
- 약국 알코올   10ml
- 라벤더 또는 티트리 하이드롤라   30ml

살균, 세정 효과와 함께 상처를 소독하고 재생시키는 에센셜 오일

- 니아울리 – 항균, 항기생충, 진균
- 팔마로사 – 진균, 냄새 탈취
- 로즈마리 버베논 – 상처 치유
- 제라늄 – 지혈, 항균, 피부 토닉

Section 5

반려견의 주요 증상별
피토아로마테라피 적용 프로토콜

스트레스 & 분리불안

반려견이 스트레스를 받거나 불안한 상황에 처하면, 무기력하고 겁에 질린 듯 소심하게 행동하거나 반대로 아주 공격적이 될 수 있다. 이 두 행동 양상은 같은 원인에서 출발하지만, 반려동물에 따라 자신을 표현하고 방어하는 방식이 다르게 나타날 수 있다.

스트레스 및 분리불안 완화

반려견의 스트레스 완화와 분리불안에 효과적인 하이드롤라로, 좋은 향과 함께 부드럽게 작용하고 털과 피부에 보습을 주는 토너 제형이다. 아래 하이드롤라를 블렌딩하여 반려견의 몸이나 주변에 뿌려 준다.

- 라벤더 하이드롤라   10ml
- 네놀리 (오렌지꽃) 하이드롤라   20ml
- 로즈 하이드롤라   20ml

진정 & 릴렉스

반려견이 흥분하거나 불안해할 때 몸이나 주변 공기 중에 뿌려준다. 예를 들어 미용 숍, 동물병원 방문, 차여행 등의 예견된 두려움과 공포를 느낄 수 있는 상황에 처해지기 1시간 전에 미리 뿌려주어 진정시킨다.

- 라벤더 파인 EO   4방울
- 리시아 시트로네 EO   10방울
- 페티그레인 EO   5방울
- 만다린 EO   6방울
- 용해제   2.5g
- 라벤더 하이드롤라   10ml
- 로즈 하이드롤라   10ml
- 정제수   10ml
- 자몽씨 추출물   3방울

스트레스 & 두려움으로 공격적 행동을 할 때

하루 1번 또는 1~2시간 전에 반려견의 크기에 따라 아래 시너지 블렌딩 2~3방울을 등에 떨어뜨려 문질러 주거나, 반려견이 흡입하도록 약 15분간 디퓨전 해준다.

- 라빈트사라 EO   15방울
- 마조람 EO   20방울
- 카모마일 로만 EO   10방울
- 만다린 EO   30방울
- 라벤더 파인 EO   20방울
- 버베나 시트로네 EO   5방울

우울증 & 병적 슬픔

많은 반려견들이 깊은 슬픔과 우울증으로 인해 무기력, 의기소침, 두려움, 불안, 초조 등과 같은 감정의 증상을 보인다.

예를 들어, 분리불안으로 인해 안절부절 못하고 초초한 행동을 보이는 반려동물이 있는가 하면, 혼자 남겨졌다는 생각에 두려움과 심한 우울증상을 보이며 한자리에서 움직이지 않는 반려견도 있다.

우울증 & 분리불안으로 인해 무기력해지거나 소심해질 때

하루에 2번 가슴과 배에, 반려견의 크기에 따라 다음 시너지 블렌딩
3~5방울을 떨어뜨려 가볍게 문질러 준다.

- **라벤더 파인 EO**   20방울
- **마조람 EO**   10방울
- **바질 EO**   5방울
- **페티그레인 EO**   15방울
- **로즈 EO**   1방울
- **세서미 오일**   25ml
- **하이퍼리쿰 오일**   25ml

쇠약 & 심한 피로

반려견이 비정상적으로 피로해 하는 원인은 아주 다양하다.
평소와 다른 강도로 신체 활동을 하였거나, 음식을 많이 먹어 신진대
사에 무리가 갔거나, 반대로 바이러스성 병인과 같은 심각한 만성 질
환이 진행될 때 발생되는 극도의 발열 상태로 인해 신체적 피로를 보
일 수 있다.

피로회복 & 활력 시너지 오일 블렌딩

다음 시너지 오일 블렌딩은 피곤해 하는 반려견에게 활력을 찾을 수 있도록 도와준다.

그러나 2주 이상 반려견이 심한 피로 증상을 보인다면 전문 수의사에게 진료를 받아야 한다.

하루 2번 1주일간 반려견의 크기에 따라 아래 시너지 블렌딩을 최대 3~5방울로 부드럽게 배 마사지를 해준다.

- 유칼립투스 라디에 EO   10방울
- 제라늄 EO   10방울
- 호우드 EO   5방울
- 마카다미아 오일   15ml

상처 치유 & 재생

피토아로마테라피는 흉터와 상처 치료에 특히 효과가 있는 것으로 밝혀졌다. 수많은 효능을 지닌 에센셜 오일과 다양한 식물 추출물은 실제로 복잡하고 심각한 상처에 놀라운 효능을 보이고 있다. 상처 치유를 위한 프로토콜은 살균, 진통, 항염, 지혈 작용과 피부의 진피와 상피조직 재생을 촉진시켜야 한다.

일반 상처 치유 & 피부 재생

일반적으로 빠르게 상처를 치유하고 피부 조직을 재생 시킬 수 있는 이상적인 시너지 블렌딩은 다음과 같다. 일상생활에서 발생할 수 있는 소소한 상처에 만능 솔루션처럼 사용할 수 있다. 아래 상처 치유 & 재생 시너지 블렌딩은 반려동물뿐만 아니라 사람에게도 효과적이다.

- 라벤더 파인 EO   7방울
- 시스테 EO   1방울
- 팔마로사 EO   3방울
- 로렐 EO   2방울
- 카모마일 로만 EO   2방울
- 하이퍼리쿰 오일   2g
- 카보머 2% 겔 또는 알로에베라 겔   30g

심한 상처 치유 (수술 후) & 재생 시너지 블렌딩

아래 에센셜 오일 시너지 블렌딩을 30ml 만들어 놓고, 하루 2~3차
례 상처 부위에 따라 필요한 방울만큼 떨어뜨려 피부에 잘 흡수되도
록 바른다.

- 티트리 EO   7방울
- 제라늄 EO   10방울
- 야생민트 EO   3방울
- 라벤더 파인 EO   15방울
- 아르간 오일   15ml
- 니겔 오일   15ml

상처 치유 & 재생 토너

가벼운 상처나 마무리 상처 치유 단계에서 사용하고, 반려동물 산책 후 발에 발생될 수 있는 찰과상 등을 케어함과 동시에 소독, 세척용 토너로도 사용할 수 있는 솔루션이다.

아래 시너지 블렌딩을 하루 2~3차례 상처 위에 뿌려준다.

- **라벤더 파인 EO**   10방울
- **제라늄 EO**   5방울
- **용해제**   2g
- **라벤더 또는 카모마일 하이드롤라**   30ml

상처 출혈 시 지혈 & 세척

시스테는 가장 우수한 지혈제 성분을 가지고 있는 식물이며 헬리크
리섬은 지혈 작용과 함께 피고임, 피멍 등과 같은 혈종을 빠르게 풀
어준다.

출혈을 동반한 상처일 경우, 대표적으로 지혈작용이 우수한 시스테와
헬리크리섬 하이드롤라를 사용하여 세척해 준다. 또한 비슷한 지혈
성분이 있는 제라늄 하이드롤라를 대체해서 사용할 수 있다. 블렌딩
한 하이드롤라를 솜에 적신 후 상처 위를 톡톡 두드리듯 피가 멈출 때
까지 발라준다.

- 시스테 하이드롤라   50%
- 헬리크리섬 하이드롤라   50%

종기 & 화상

종기는 내용물이 곪아 밖으로 배출 되어 스스로 터질 때까지 놔두는
것이 좋다.

완벽하게 종기를 치료하기 위한 주요 3단계는 화농 → 소독/세척 →
상처 치유 및 재생이다.

화농성 상처 & 지저분한 상처 세척

다음 하이드롤라 블렌딩은 화농성이나 이물질이 묻어 있는 지저분한 상처를 깨끗하게 씻어낸다. 상처 부위를 진정시키면서 소독 효과 또한 우수하여 상처 세척에 이상적이다.

- **라벤더 하이드롤라**　　　80%
- **카모마일 하이드롤라**　　20%

화농 찜질

다음 에센셜 오일 블렌딩을 정제수 또는 진정 작용을 하는 하이드롤라로 갠 클레이 팩이나 바셀린에 넣어 규칙적으로 찜질 해준다. 이 단계의 목적은 종기 난 부위의 온도를 높여 빠르게 곪게 함과 동시에 진통과 살균 작용도 함께 해주는 솔루션이다.

- 클로브 버드 EO   1방울
- 로즈마리 캠퍼 EO   2방울
- 페퍼민트 EO   2방울
- 티트리 EO   5방울
- 정제수 또는 하이드롤라로 갠 클레이 팩   10g

종기 & 농 세척 토너

농양 (고름)을 세심하게 빼내어 이물질을 깨끗하게 제거하고, 다음 하이드롤라 블랜드로 자극된 상처 부위를 진정시키며 부드럽게 소독, 세척한다.

- **라벤더 하이드롤라**   80%
- **카모마일 하이드롤라**   20%

종기 상처 치유 바셀린 연고

종기의 화농을 깨끗이 소독, 세척한 후 그 부위에 아래 시너지 블렌딩
연고를 발라 상처 부위가 빨리 아물고 재생될 수 있도록 해준다.

- 로즈마리 버베논 EO   5방울
- 미르 EO   5방울
- 제라늄 EO   5방울
- 하이퍼리쿰 오일   3g
- 흰 바셀린   30g

종기 상처 치유 찜질

종기의 화농을 깨끗이 소독, 세척한 후 아래 시너지 블렌딩을 넣은 클레이 팩 (정제수나 진정 작용을 하는 하이드롤라로 갠)을 사용하여 상처 부위가 빨리 아물고 재생될 수 있도록 해준다.

찜질 후에 상처 치유 바셀린 연고를 발라 주면 피부 흡수력도 좋아지고 빠른 피부 재생 효과가 있다.

- 제라늄 EO   7방울
- 페퍼민트 EO   5방울
- 라벤더 파인 EO   7방울
- 시나몬 리프 EO   1방울
- 하이퍼리쿰 오일   3g
- 정제수 또는 하이드롤라로 갠 클레이 팩   40g

화상 시너지 오일 블렌딩

라벤더 스파이크의 화상 치유 효능은 이미 잘 알려져 있다. 라벤더는 아로마테라피 창시 일화를 만들어 낸 유명한 오일이기도 하다. 화상 부위에 라벤더 스파이크 에센셜 오일을 뿌려주면 빠르게 화기가 진정된다. 또한, 강력한 항균작용을 하면서 화상으로 인한 염증이나 물집이 생기는 것을 막아준다. 특히, 니겔 오일은 항염 작용이 뛰어나고 로즈힙 오일과 함께 피부 재생 효과도 탁월하다. 화상 부위에 하루 2~4번 아래 시너지 오일 블렌딩을 부드럽게 발라준다.

- **라벤더 스파이크 EO**　　　20방울
- **티트리 EO**　　　2방울
- **로렐 EO**　　　4방울
- **카모마일 로만 EO**　　　4방울
- **로즈힙 오일**　　　10g
- **하이퍼리쿰 오일**　　　10g
- **니겔 오일**　　　20g

화상에는 라벤더~!!

화상 시너지 알로에베라 겔 블렌딩

오일의 끈적임으로 적용하기 불편한 부위나, 좀 더 빠른 피부 흡수력을 위해서 알로에베라 겔에 블렌딩하여 사용할 수도 있다. 냉장고에 넣었다가 사용하면 쿨링 효과가 있다.

- 라벤더 스파이크 EO   20방울
- 티트리 EO   2방울
- 로렐 EO   4방울
- 카모마일 로만 EO   4방울
- 로즈힙 오일   1g
- 하이퍼리쿰 오일   1g
- 니겔 오일   3g
- 알로에베라 겔   35g

감염

진단 받은 감염의 종류에 상관없이 빠르고 완벽한 회복을 위해서 다음과 같은 일반 조치를 추천 한다.

- 음식의 양을 조금 줄여서 준다.
- 소화를 돕기 위해 음식을 익혀준다.
- 동물 스스로 먹을 수 있게 항상 깨끗한 물을 주변에 놓아준다. 사람과 마찬가지로 약한 동물일수록 몸 속 독소를 배출하고, 스스로 신체의 열을 조절하기 위해 더 많은 물을 마신다.
- 신체 기관의 정상적인 자가 면역 기능과 활성 촉진에 필요한 마그네슘을 먹인다.
- 기력과 에너지를 보강하여 건강을 회복하는데 도움이 되는 영양 보조제를 먹인다.

피부 감염 시 추천되는 일반 적용 프로토콜

- 라벤더, 카모마일, 로즈마리 하이드롤라를 동량으로 블렌딩하여 털과 피부를 깨끗이 씻어 준다.
- 필요에 따라, 막힌 피지와 오일리한 비늘 같은 딱지를 제거하기 위해 살균 효과가 뛰어나고 항염 작용을 하는 에센셜 오일을 넣은 샴푸를 사용한다.(참고 : 동물의 피부 pH는 거의 중성에 가깝고 사람보다 좀 더 알카리성이다.)

아로마테라피는 약물의 대체제가 아니다. 두 치료법을 같이 적용한다면 각각의 작용과 효능을 보완하여 완벽한 조화를 이룰 수 있을 것이다.

 강아지 피부 pH

- pH < 7   산성
- pH = 7   중성
- pH > 7   알칼리성

강아지의 pH는 7.5로 중성인 반면, 사람은 5.5로 산성이다.

마그네슘 결핍으로 인한 증상들

- 불안
- 불면증
- 신경과민
- 근육 긴장, 경련, 쥐

- 뼈가 약해짐
- PMS & 호르몬 불균형
- 두통
- 피로

- 에너지 저하
- 과민성
- 심장 박동 비정상

외이염

외이의 감염과 염증은 박테리아, 기생충 또는 곰팡이로 인하여 생긴다. 대부분의 경우 지속적으로 나타나는 경향이 있고, 보통 이도 안에서도 같이 나타난다.

감염으로 염증이 발생하게 되면, 이도에 열이 나고 습하게 되어 자동적으로 효모균 (표재성 피부 곰팡이증)의 번식이 늘어나게 된다.

그때부터, 개 (특히) 와 고양이의 외이는 수많은 기생충의 침입 가능성이 높아지며, 염증과 통증, 가려움증을 동반하게 된다.

에센셜 오일 블렌딩으로 단계별 병인에 따라 광범위하게 발생되는 미생물 번식을 막아주고 동시에, 항염, 항가려움, 진통 효과를 갖춘 효과적인 외이염 제품을 만들 수 있다.

* 치료 전 외이도를 깨끗이 씻어주고, 불순물이나 귀지를 가능한 제거하여 시너지 블렌딩이 잘 작용할 수 있도록 해주는 것이 중요하다.

귀 세정제

귀 감염 예방 및 관리, 귀 세정 시 아래 시너지 블렌딩을 3~4방울 떨어뜨려 귀를 살살 접으며 가볍게 마사지한 후 30분 정도 둔다.

이 관리는 예방차원으로도 이상적이므로, 한 달에 1~3번 해주는 것이 좋다.

- **티트리 EO**   2방울
- **리시아 시트로네 EO**   1방울
- **라벤더 파인 EO**   4방울
- **카모마일 하이드롤라**   15ml
- **라벤더 하이드롤라**   15ml
- **용해제**   1.5g

귀 염증 관리 / 친수성 중성 겔에 혼합하여 사용

동물의 외이도에 땅콩알 크기 정도의 블렌딩 겔을 넣어 귀를 접어가며 세심하게 하루 1~2번 최소 10일 동안 마사지를 해준다. 알로에베라겔은 피부에 빠르게 흡수되므로, 외이도 관리나 치료를 위한 에센셜 오일 블렌딩 희석 매개체로 사용하기에 아주 좋다. 또한 함께 사용되는 세인트존스워트 식물 오일은 항염, 진통, 진정 작용이 뛰어나며, 세포와 피부 재생 효과도 우수하여 테라피 시너지 효과를 상승 시킨다.

- 티트리 EO   4방울
- 호우드 EO   2방울
- 라벤더 스파이크 EO   4방울
- 야생민트 EO   2방울
- 클로브 버드 EO   1방울
- 카모마일 저먼 EO   2방울
- 세인트존스워트 (하이퍼리쿰) 오일   1.5g
- 친수성 중성겔 (또는 알로에베라 겔)   28g

피부병 & 바이러스 감염

아토피성 습진 / 아토피 피부

식물 오일 또는 알로에베라 겔 50g에 아래 에센셜 오일 시너지 블렌딩 1ml (20방울)를 희석하여 아토피 부분에 하루 1~2번 증상이 없어질 때까지 바른다. 항알러지 성분이 다량 함유되어 있는 카모마일 저먼, 카모마일 로만 에센셜 오일과 함께 아토피성 피부에 우수하게 작용하는 식물 오일로는 카렌듈라, 타마누, 달맞이꽃, 햄프시드 오일 등이 있다.

마카다미아 등 가벼운 점성으로 피부 흡수력이 좋은 오일들과 함께 블렌딩하여 사용하면 테라피 시너지 효과를 높일 수 있다.

- 카트라페이 (Katrafay) EO   3방울
- 카모마일 저먼 EO   2방울
- 카모마일 로만 EO   6방울
- 유칼립투스 시트로네 EO   3방울
- 페티그레인 EO   3방울
- 야생민트 EO   3방울
- 식물 오일 또는 알로에베라 겔   50g

피부 사상균

곰팡이가 털이나 각질층에 감염되는 질환으로 털이 길거나 면역력이 떨어진 경우 발생하며 탈모 증상 또는 심한 가려움증이 동반되기도 한다. 또한 동물에게는 물론 사람에게도 감염 될 수 있다.

하이드롤라는 피부 자극이 없으므로, 특히 예민하고 민감한 반려동물 피부에 안전하게 사용할 수 있으며, 테라피적 효과 역시 우수하다. 에센셜 오일의 경우와 마찬가지로 치료적 효능을 기대하기 위해서는 테라피 등급의 순도 100%의 품질 좋은 제품을 선별하여 사용해야 한다.

티트리 하이드롤라는 티트리 에센셜 오일과 마찬가지로 모든 종류의 세균에 우수하게 작용하고, 특히 뛰어난 진균 효과가 있으며 제라늄 하이드롤라의 경우 피부 재생 및 항염, 항균 효과가 있다.

블렌딩한 하이드롤라는 솜에 적셔 상처 위에 톡톡 두드리며 발라준다.

- **제라늄 하이드롤라**   30ml
- **티트리 하이드롤라**   20ml

박테리아 감염 피부 (화농성 피부염, 지루성, 습진, 모낭염…)

샴푸와 함께 적용

화농성 피부, 지루성, 습진, 모낭염 등의 박테리아 감염 피부는 가장 먼저 감염된 피부 부분을 깨끗하게 세정하고 소독해야 한다. 자극 없이 부드럽게 작용하면서 소독과 진정효과가 우수한 라벤더, 카모마일, 로즈마리 하이드롤라를 동량으로 블렌딩하여 털과 피부를 씻어준다.

라벤더와 카모마일 하이드롤라는 민감하고 연약한 피부에 발생한 알러지나 붉게 자극된 습진 등을 진정시키는 효과가 뛰어나 반려동물의 자극된 피부 케어뿐 아니라, 아기들의 기저귀 발진을 완화, 개선해준다.

세정, 소독 후 필요에 따라, 살균 항염 효과가 뛰어나며 막힌 피지와 기름기 있는 각질을 제거해 주는 에센셜 오일을 넣은 샴푸를 사용하여 감염된 피부를 세척해 준다.

※ 시나몬 바크 에센셜 오일은 아주 적은 양으로도 뛰어난 항염, 항균 효과가 있으나, 피부에 자극을 줄 수 있으므로 최소 비율을 사용한다.

- **티트리 EO**   13방울
- **라벤더 파인 EO**   12방울
- **시나몬 바크 EO**   1방울
- **로렐 EO**   4방울
- **중성 샴푸**   98.5ml

세럼 타입

감염된 부위를 깨끗하게 세척한 후, 에센셜 오일과 피부 재생 및 보습력이 뛰어난 식물 오일 또는 알로에베라 겔 등을 넣고 블렌딩하여 예방 및 치료를 위해 하루 1~2번 발라준다.

털이 없는 배와 발 부분은 항염 작용이 우수한 식물 오일을 사용한다. 특히, 거칠어지고 굳은살이 생긴 발 부분을 식물 오일로 가볍게 마사지해 주면 피부가 부드러워지고, 혈액순환 개선에도 효과가 있다.

점성이 적고 가벼운 마카다미아 등의 식물 오일은 오일감을 남기지 않고, 피부에 빠르고 가볍게 잘 흡수된다.

- **티트리 EO**   5방울
- **클로브 버드 EO**   1방울
- **리시아 시트로네 EO**   3방울
- **라벤더 파인 EO**   2방울
- **시더우드 아틀라스 EO**   4방울
- **알로에베라 겔 또는 마카다미아 오일**   35g

살균 및 국소 토너

화농성 피부염은 다양한 요인으로 인해 완치가 아주 어려운 질병으로 수 주간의 치료를 요한다. 국부적으로 감염된 피부가 완전히 치료될 때까지 아래의 시너지 블렌딩을 하루 1~2번 잘 흔들어 스프레이 해 준다. 이 솔루션은 살균 효과와 함께 빠르게 상처를 치유하고 피부 조직을 재생시킨다.

- 티트리 EO   6방울
- 팔마로사 EO   5방울
- 로렐 EO   2방울
- 야생민트 EO   2방울
- 정제수   47.5ml
- 용해제   2g
- 자몽씨 추출물   4방울

백선 머리피부병

토너

백선균 또는 소포자균 종류의 효모 곰팡이에 의한 버짐과 같은 머리 피부병으로, 다양한 병인으로 인해 치료하기가 어려운 질환이다.

피부병이 완전히 해결될 때까지 스프레이를 사용하여 하루 1~2번 잘 흔들어 국부적으로 뿌려준다.

- 시나몬 리프 EO   1방울
- 팔마로사 EO   9방울
- 레몬그라스 EO   5방울
- 라벤더 스파이크 EO   5방울
- 정제수   47ml
- 용해제   2g
- 자몽씨 추출물 또는 천연 방부제   4방울

항염 오일 블렌딩

항염 작용이 우수하며, 가볍게 피부에 흡수되는 세인트존스워트 오일을 사용하여 테라피 시너지를 높인다. 하루 1~2회 상처가 사라질 때까지 톡톡 두드리며 발라준다.

※ 세인트존스워트 오일은 밝은 레드 색상을 띠는 인퓨즈드 오일이며, 마카다미아 또는 헤이즐럿 등과 같이 가볍고 흡수가 잘되는 식물 오일과 블렌딩하여 사용한다.

- **제라늄 EO**   10방울
- **팔마로사 EO**   10방울
- **티트리 EO**   10방울
- **세인트존스워트 오일**   15ml
- **마카다미아 오일**   15ml

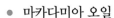

비염 / 코감기

국소마사지

귀와 귀 사이 또는 척추 부위에 아주 국소적 (Spot-on)으로 반려견
의 크기에 따라 아래 시너지 블렌딩 2~3방울을 떨어뜨려 가볍게 마
사지하듯 문질러 준다. 5일 동안 하루 2번 사용하고 필요에 따라 재실
시할 경우, 1주 간격을 두고 적용한다.

* 용량을 초과하여 사용하거나 5일 이상 연속으로 적용하지 말아야 하며, 아
  로마 분자가 충분히 배출될 수 있도록 1주 간격을 띄우고, 재사용 하는 것을
  명심하도록 한다.

전체 5ml

- **라빈트사라 EO**   35방울
- **사로 (Saro) EO**   15방울
- **니아울리 EO**   40방울
- **로렐 EO**   10방울

반려견 기침 디퓨전

환절기 또는 감기 바이러스가 유행하는 겨울과 봄에, 하루 2~3 차례 한번 적용 시 약 10 ~ 15분 동안 디퓨전한다. 예방 또는 테라피 목적의 디퓨전이므로 적용 시간과 횟수를 준수하여, 필요 이상 반려견의 후각을 자극하지 않도록 한다.

아래 솔루션은 반려동물의 호흡기뿐 아니라 공기 중 바이러스 및 세균 등을 살균하는 효과도 있으므로, 가족의 건강을 위해서도 좋다.

전체 20ml

- **니아울리 EO**   7ml
- **라빈트사라 EO**   10ml
- **로렐 EO**   3ml

찌르는 듯한 기관지염 & 만성 기관지염 기침 (보완제) 디퓨전

아래 솔루션은 거주 공간의 공기 살균과 함께 아로마 분자 흡입을 통해 호흡기 질환 보완제 역할을 한다.

전체 20ml

- **유칼립투스 라디에 EO** 7ml
- **라빈트사라 EO** 10ml
- **로렐 EO** 3ml

치은염

반려동물에게 가장 많이 발생하는 위생 문제 중 하나가 치아관련 질환
이다.

동물의 특성 상 칫솔 후 물로 헹구어 뱉어 낼 수 없으므로, 복용 가능
한 테라피 품질의 에센셜 오일을 선별하여 사용하는 것이 중요하다.

아래 시너지 블렌딩 1~2방울을 카보머 겔 2%, 알로에베라 겔이나 중성 치약에 넣어, 칫솔 또는 거즈를 사용하여 하루 1~2번 증상이 완화될 때까지 치아와 잇몸을 닦아준다.

* 잇몸 출혈이 있는 경우에는 지혈효과가 있는 제라늄 또는 시스테 에센셜 오일을 첨가하여 블렌딩한다.

전체 5ml

- **티트리 EO**   40방울
- **로렐 EO**   5방울
- **야생민트 EO**   15방울
- **리시아 시트로네 EO**   15방울
- **클로브 버드 EO**   20방울
- **제라늄 또는 시스테 EO (잇몸 출혈 시)**   5방울

류머티즘 & 관절문제

반려동물의 평균수명이 해마다 조금씩 늘어나고 있다는 것은 반가운 일이나, 인간과 마찬가지로 동물 역시 노인병에 관련된 질병이 계속해서 증가하고 있다. 그 중, 가장 많이 발생되는 문제가 관절 & 류머티즘 관련 질환이다. 피토아로마테라피로 퇴행성 골관절 질환의 예방과 치료를 할 수 있다는 것은 잘 알려진 사실이다. 실제로 피부 경로를 통한 에센셜 오일의 항염, 진통 효과는 아주 뛰어나다.

류머티즘 & 관절염 시너지 블렌딩 오일

다음 시너지 블렌딩 오일은 일반 류머티즘 또는 관절 질환을 위한
솔루션으로, 하루 2~3번 최소 일주일 또는 증상이 호전될 때까지
문제가 되는 관절 부위에 발라준 후에 국부 마사지해 준다. 털이 긴
반려견의 경우에는 오일이 피부에 잘 적용될 수 있도록 털을 벌려가
며 발라준다.

- 윈터그린 EO   5방울
- 로즈마리 캠퍼 EO   8방울
- 헬리크리섬 EO   7방울
- 실베스터 파인 EO   10방울
- 카렌듈라 오일   20ml
- 타마누 오일   10ml

무릎 염좌 (삠) 시너지 블렌딩 오일

하루 2~3번 무릎 부위에 국부적으로 직접 뿌리듯 발라주고 마사지는 하지 않는다. 무릎 탈골과 같은 문제는 당연히 전문의의 진료를 받아야 하며, 아래 솔루션은 보완제로서의 역할을 한다.

- 윈터그린 EO   5방울
- 유칼립투스 시트로네 EO   8방울
- 라벤더 파인 EO   7방울
- 실베스터 파인 EO   10방울
- 아르간 오일   30ml

윈터그린

관절염 스프레이

관절염의 원인은 다양하므로 진통과 살균효과가 있는 에센셜 오일이 효과적이다.

통증 부위에 아래 시너지 블렌딩을 뿌려 하루 2~3번 증상이 호전 될 때까지 가볍게 국부 마사지를 해준다.

* 윈터그린은 부드러운 성분의 에센셜 오일이지만 파스 향과 비슷하게 다소
  강한 향이 난다.

- **윈터그린 EO**   5방울
- **로렐 EO**   15방울
- **헬리크리섬 EO**   7방울
- **페퍼민트 EO**   8방울
- **약국 알코올**   50ml

세균 감염성 관절염 스프레이

항균, 항염작용을 동시에 하는 에센셜 오일을 블렌딩하여 증상을 완화 시킬 수 있다.

하루 2~3번 증상이 호전 될 때까지 국부 마사지를 해준다.

＊ 증상이 계속되거나, 중증인 경우엔 전문의의 진료를 받아야 하며, 아래 솔루션은 보완제로서 사용하도록 한다.

- 윈터그린 EO   10방울
- 로렐 EO   6방울
- 카트라페이 (Katrafay) EO   7방울
- 페퍼민트 EO   7방울
- 타임 투자놀 EO   10방울
- 약국 알코올   50ml

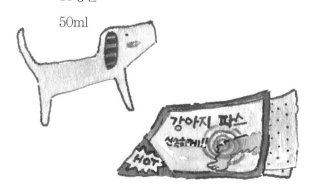

기생충

개와 고양이는 기생충에 아주 약하다. 또한 90% 이상의 새끼 강아지
는 태어날 때부터 어미개를 통해 잠재적으로 이미 기생충에 감염된
채 태어나고 있다고 추정되고 있다.

그러므로, 동물들의 변을 통해 기생충 감염을 정기적으로 진단하여
예방, 치료적 차원에서 구충 관리를 해주어야 한다.

기생충 감염은 옴, 모낭염, 모낭 속 기생충 번식으로 인해 특정 냄새
가 나기도 하고, 가벼운 탈모, 감염된 화농성 피부병을 동반한 아주
심한 피부 탈색에 이르기까지 아주 다양하게 진전된다.

에센셜 오일은 특별히 이러한 기생충에 아주 효과적이라고 밝혀지고
있다.

피부 옴

진드기에 의한 기생충 피부병인 모낭충 형태의 옴이 치료하기 가장 어렵다.

아래 시너지 블렌딩을 옴이 발병한 국소 부위에 첫 3일 동안은 하루 1~2번 뿌려주고, 4일째부터는 2~3일에 한 번씩 2주간 뿌려준다.

연속하여 2주 이상 사용하지 말고, 재사용 시에는 일주일 이상 간격을 두고 위 용법대로 다시 적용한다.

- 클로브 버드 EO   2방울
- 리시아 시트로네 EO   10방울
- 야생민트 EO   5방울
- 팔마로사 EO   8방울
- 용해제   3g
- 정제수   50ml
- 자몽씨 추출물   4방울

귀 옴

젤에 블렌딩한 땅콩 알 크기의 혼합물을 감염된 이도 속에 넣고 귀를 접어가며 부드럽고 세심하게 마사지하여 이도를 따라 젤 블렌딩이 잘 들어갈 수 있도록 해준다.

젤 블렌딩은 이도 안에서 피부로 쉽게 흡수 되므로 가장 이상적인 제형이다. 10일 동안 하루 1~2번 적용하고, 1주일 후 마지막으로 1번 더 사용하여 준다. 연속하여 10일 이상 사용하지 않는다.

- 클로브 버드 EO   1방울
- 레몬그라스 EO   5방울
- 야생민트 EO   2방울
- 카모마일 로만 EO   2방울
- 친수성 중성 젤 / 알로에베라 젤   35g

* 2~3일에 한 번 규칙적으로 귀 세정제를 사용하여 이도를 깨끗이 씻어준다.

향기생충 토너 (벼룩 & 진드기 이외의)

옴 기생충이 활동하는 부위와 털 아래 부분까지 잘 적용될 수 있도록 스폰지나 브러쉬를 사용하여 미지근한 물에 아래 에센셜 오일 시너지 블렌딩을 즉석에서 희석한 후 몸 전체나 감염된 곳에 일주일에 두 번, 2~3주 동안 뿌려준다. 아래 비율을 고려하여 한 번 사용할 양을 만들어 남기지 말고 사용한다.

- **티트리 EO**   8방울
- **리시아 시트로네 EO**   7방울
- **시나몬 리프 EO**   1방울
- **야생민트 EO**   4방울
- **용해제**   2g
- **미지근한 물**   50ml

항기생충 겔 (벼룩 & 진드기 이외의)

이 겔 블렌딩은 특별히 신체의 민감한 부분인 머리, 귀, 코, 눈 주변의 피부에 바르기 적합하다. 일주일에 2번, 2~4주 동안 바른다.

- 티트리 EO   7방울
- 리시아 시트로네 EO   5방울
- 라벤더 파인 EO   8방울
- 카보머 2% 겔 또는 알로에베라 겔   35g

항기생충 샴푸 (벼룩 & 진드기 이외의)

기생충 침입으로 민감해진 피부와 털을 아래 블렌딩 샴푸로 깨끗하게 세척해 줄 필요가 있다.

항기생충 에센셜 오일은 항염, 진정, 피부 토닝 효능도 있으므로 연약해진 피부를 개선할 수 있으며 그중 시더우드 아틀라스는 항기생충 작용과 함께 미세 순환을 원활하게 해주고 피지를 조절, 모근을 튼튼하게 만들어 털을 건강하고 윤기 나게 해준다.

- 시더우드 아틀라스 EO　　　5방울
- 리시아 시트로네 EO　　　　8방울
- 라벤더 파인 EO　　　　　　5방울
- 클로브 버드 EO　　　　　　2방울
- 중성 샴푸 베이스　　　　　100ml

벼룩

대부분의 벼룩은 동물 몸 위에서 서식하지 않는다. 동물은 벼룩에게 음식물을 제공하는 임시 숙주에 불과 하며, 동물 털 위에서 포식한 벼룩은 다른 벼룩들이 모여 있는 환경으로 돌아간다.

그러므로 동물을 위한 벼룩 퇴치 전략은 무엇보다도 환경을 깨끗이 하는 것이 중요하다.

벼룩 퇴치 환경 관리 스프레이

분무기에 아래 시너지 블렌딩을 넣어 쿠션, 카펫트, 강아지 바구니,
배설용 흡수 모래 등 벼룩이 있을 만한 곳에 뿌려준다.

- 티트리 EO   40방울
- 라벤더 스파이크 EO   15방울
- 클로브 버드 EO   15방울
- 리시아 시트로네 EO   30방울
- 약국 알코올   50ml

벼룩 퇴치 토너 스프레이

털을 반대로 빗어가며 잘 뿌려주고 눈 쪽을 향하여 뿌리지 않는다.

* 3일 이상 연속으로 사용하지 않고, 재사용 시 10일 이상 간격을 두고 사용한다.

- 세이지 EO   7방울
- 클로브 버드 EO   5방울
- 레몬그라스 EO   10방울
- 시더우드 아틀라스 EO   7방울
- 시나몬 리프 EO   1방울
- 용해제   1g
- 약국 알코올   10ml
- 라벤더 하이드롤라   37ml

진드기

진드기는 따뜻한 피를 가진 포유류의 털과 한번 접촉하게 되면, 피를 빨아 먹기 위해 주둥이로 작은 구멍을 뚫고 숙주의 피부 속으로 들어가 정착한다.
진드기를 쉽게 제거하기 위해서는 주둥이가 몸에서 분리되지 않도록 진드기를 마취시켜야 한다.

진드기 마취 솔루션

반려동물에게 가장 많이 생기는 기생충 중 하나로 많으면 수십 마리의 진드기가 반려동물의 몸 전체에 퍼져 기생하기도 한다.
천연 식물 물질인 다음 에센셜 오일 블렌딩을 사용하여 쉽게 진드기 마취를 할 수 있으며, 합성 화학 약물에 비하여 더 안전하고 부작용도 없다.
다음 시너지 블렌딩을 면봉에 묻혀서 진드기에 바르고 3~4 초 후,

진드기가 움직이지 않게 되었을 때 핀셋으로 진드기를 빼낸다.

- **티트리 EO**   10방울
- **클로브 버드 EO**   10방울

면역력 강화 & 근육 통증

대부분의 항바이러스 에센셜 오일들은 면역강화 작용을 하며, 관련된 아로마 분자들 역시 거의 비슷하다. 면역력 강화를 위한 에센셜 오일 블렌딩 시, 다수의 에센셜 오일을 사용하면 서로 보강 작용을 하여 더욱 효능을 높여주는 시너지 효과를 볼 수 있다.

항바이러스 작용과 함께 면역력을 강화시켜주는 에센셜 오일

라빈트사라, 유칼립투스 라디에
- 항바이러스와 면역력 강화, 기관지 확장과 거담작용
- 인간과 동물에게 감염된 바이러스 전염병에 탁월한 효과

위의 블렌딩에 티트리, 클로브 버드 에센셜 오일을 첨가하면 항감염 효과를 더욱 강화시킨다.

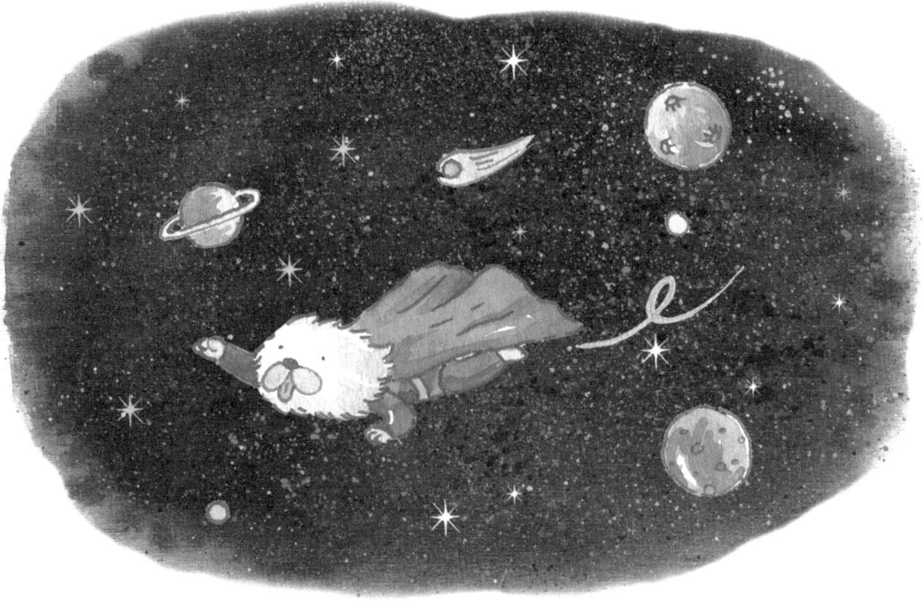

면역력 강화 시너지 블렌딩 오일

털이 짧은 동물은 목(경부) 부분에, 털이 긴 동물은 배 또는 발바닥에 다음 시너지 블렌딩 오일을 동물의 크기에 따라 최대 3~5방울을 떨어뜨려 마사지해준다.

- **라빈트사라 EO**   17방울
- **니아울리 EO**   10방울
- **시스테 EO**   2방울
- **야생민트 EO**   1방울
- **마카다미아 오일**   20ml

근육 통증 시너지 블렌딩 오일

아래 시너지 블렌딩 오일을 통증 부위에 발라준 후 잘 스며들 수 있도록 원을 그리듯 가볍게 마사지해 준다. 또한 꼬리 부분에서 척추를 따라 마사지해 줄 수도 있다.

- **로즈마리 캠퍼 EO**　　4방울
- **라벤더 파인 EO**　　4방울
- **진저 EO**　　2방울
- **아르간 오일**　　15ml

디톡스

사람과 마찬가지로 동물 또한 매일 외부 또는 내부에서 발생하는 모든 독소로부터 자극을 받는다. 이런 독소들이 제대로 제거되지 못하면 우리 몸에 독이 되는 활성산소와 같은 물질이 쌓인다. 독소에 의한 신체 공격을 대처하기 위해 포유류는 생물학적 방어 메카니즘을 갖고 있어 다양한 공격 인자에 효과적으로 대응하고 있다. 이에 관련한 신체 배출 기관은 간, 신장, 폐, 장, 피부이다. 폐와 피부가 오직 배출 기능만 하는 반면, 신장과 간은 신체 정화에 관여한다. 이러한 독소 배출과 신체 정화의 원리로 볼 때, 감염 또는 염증을 유발하는 인자와 관련된 피부병은 상호 연결된 일종의 신진대사 질환으로, 신체 기관의 정화와 이뇨 작용의 중요성을 보여준다. 야생 동물은 본능적으로 각각 주어진 환경에 따라 신체 독소 배출과 정화를 위해 체계적인 행동을 한다. 즉 물을 많이 마시기는 하나 음식을 스스로 줄여 먹고, 원활한 신진대사를 위해 특정 풀을 섭취하면서 스스로 신체 기관 정화와 이뇨 작용을 조절한다.

디톡스 시너지 블렌딩 오일

시너지 블렌딩을 하루 1번, 최대 3~5방울을 사용하여 배 마사지를 해
준다.

- **페퍼민트 EO**   4방울
- **윈터그린 EO**   2방울
- **헬리크리섬 EO**   2방울
- **로즈마리 버베논 EO**   12방울
- **헤이즐럿 오일**   15ml

MY DETOX
BOTTLE

Section 6

반려견의 털과 피부 유형별 샴푸 블렌딩

반려견 역시 사람과 마찬가지로 털과 피부의 상태가 다양하다.
특히나 박테리아, 기생충 등의 감염에 취약하고 사람에 비해 얇고 민감한
피부를 가진 반려견들의 특성과 깨끗하고 아름다운 털 관리를 위하여 유
형별 샴푸를 선택하는 것이 현명하다. 반려동물용 중성 샴푸에 피부 유형
별로 선별된 에센셜 오일 블렌딩한 것을 첨가하여 사용함으로써 건강하
고 효과적으로 반려견들의 털과 피부를 관리할 수 있다.

항감염 (박테리아, 기생충, 진균) 샴푸

항감염 에센셜 오일 시너지 블렌딩은, 피부 세포 미생물의 균형이 깨져서 발생되는 염증뿐만 아니라 기생충과 각종 균에 아주 효과적으로 작용하며 특히 박테리아, 효모균 등에 의한 다인성 피부 감염에 필수적이다. 감염 시에는 일주일에 2번, 예방을 위해서는 1달에 1번 사용한다.

- **니아울리 EO**   18방울   ▶ 우수한 항바이러스 & 항세균, 방사선 보호
- **클로브 버드 EO** 5방울   ▶ 항세균, 항기생충, 항박테리아
- **시나몬 바크 EO** 2방울   ▶ 가장 강력한 항세균 & 항진균
- **중성 샴푸**   100ml

민감성 (진정) 샴푸

민감하거나 가려움을 동반한 자극된 피부치료를 목적으로 사용 시 일주일에 2번, 예방을 위해서는 1달에 1번 사용한다.

- **레몬그라스 EO** 8방울 ▶ 항염 & 진정
- **야생민트 EO** 5방울 ▶ 청량감, 진통, 가벼운 마취, 가려움 진정
- **페츌리 EO** 2방울 ▶ 울혈완화 & 상처 치유/재생
- **중성 샴푸** 100ml

알러지 & 아토피 샴푸

알러지 또는 붉게 자극되고 가려움을 동반한 아토피성 피부치료를 목적으로 사용 시 일주일에 2번, 예방을 위해서는 1달에 1번 사용한다.

- **제라늄 EO**   4방울 ▶ 항염, 진정, 재생, 상처 치유
- **라벤더 파인 EO**   5방울 ▶ 항염, 진정, 재생, 상처 치유
- **카모마일 로만 EO**   3방울 ▶ 알러지, 습진, 가려움 완화, 정신 안정
- **로즈우드 EO**   3방울 ▶ 항염, 진정, 재생, 상처 치유
- **중성 샴푸**   100ml

테라피 샴푸

항염 작용을 하는 에센셜 오일을 통해 민감한 피부를 포함해서 모든 유형에 사용할 수 있으며, 반려동물의 털과 피부를 건강하고 깨끗하게 세정 할 수 있다. 1달에 1~2번 사용하면 좋다.

- **리시아 시트로네 EO**　　8방울　　▶ 항염
- **라벤더 파인 EO**　　　　7방울　　▶ 진정 & 세정
- **중성 샴푸**　　　　　　　100ml

지성 & 항비듬 샴푸

피지를 조절해 지성피부를 개선하고 이뇨, 드레나쥐 효과와 함께 자극 없이 부드럽게 세정해 주며 비듬 제거 효과가 우수한 아래의 시너지 블렌딩 에센셜 오일을 사용한다. 비듬 제거 또는 지루성 피부 개선이 목적인 경우는 일주일에 1번, 일반 관리를 위해서는 1달에 1번 사용한다.

- 시더우드 아틀라스 EO   13방울
- 유칼립투스 다이브스 EO   7방울
- 중성 샴푸   100ml

Tip **탈모증**

영양, 호르몬 불균형, 기생충 감염, 피부병, 화농성 피부염 등과 같은 원인에 의해 부분적으로 또는 광범위하게 털이 빠진다.
이를 예방, 치료하기 위해서는 규칙적으로 균형 잡힌 비타민, 아미노산 영양제를 섭취하게 한다. 염증을 통제하고 털과 피부 조직 재생 작용을 하는 오메가6와 오메가3 타입의 필수 불포화 지방산을 기반으로 한 건강 보조제를 보충하도록 한다.

* 클로렐라는 좋은 털을 나게 하는데 도움이 되는 영양 보충제이다.

부위별 반려견 마사지 효과

1 스트레스 & 불안 Stress et anxiété

반려견의 귀 부분은 스트레스와 근심, 불안 조절에 직접 관련이 있다.
귀를 쓰다듬어 주면 반려견을 릴렉스시켜 주면서 동시에 활력을 준다.

2 신경계 & 소화계 Système nerveux et système digestif

반려견의 머리를 힘있게 쓰다듬어 주는 것으로 종종 끝내지만, 머리를 잘 마사지 해주면 반려견의 스트레스를 해소시켜 주면서 소화계에 아주 도움이 된다.

3 피로 & 과잉행동 Fatigue et hyperactivité

반려견의 등을 잘 마사지 해주면 반려견이 흥분하거나 날뛰는 것을 막는데 도움을 주며, 소화계에 도움이 되고 사람과의 교감을 강화시켜 줄 수 있다.

4 소화불량 Problèmes digestifs

만약 당신의 반려견에게서 소화문제가 발견된다면, 반려견의 배 주위를 잘 마사
지 하여 준다. 그러면 복부 쪽 피부에 탄력을 줄 수 있을 뿐만 아니라, 복부 팽만
증과 복부 가스 참으로 인해 발생되는 복통을 예방, 치료 할 수 있다.

5 관절 Articulations

반려견의 다리를 마사지 해
주면 여러 가지 좋은 점이
있는데, 우선은 마사지 하
는 동안 빠르게 반려견의
몸을 따뜻하게 해 줄 수 있
으며, 근육의 긴장을 풀어
주어 다치는 것을 예방해
줄 수 있다.

6 심장건강 Santé Cardiaque

반려견의 가슴을 잘 마사지
해주면 심장의 건강을 강화
시켜 줄 수 있다.

7 편안함 & 신뢰 Confort et confiance

반려견의 발을 마사지해 주는 것은 반려견의 피로를 편안하게 풀어주는 가장 좋은 방법이다. 또한 당신의 반려견과 잘 교감할 수 있고, 서로의 신뢰를 강하게 형성시킬 수 있다.

8 유연성 Flexibilité

반려견의 뒷다리를 마사지 해주면 반려견의 유연성과 탄력성을 좋게 할 수 있다.

9 전신 Corps au complet

반려견의 전신을 마사지 해주면 몸 전체를 건강하게 강화시켜주는 효과와 함께,
척추와 근육을 이완시킬 수 있을 뿐 아니라 독소 배출에 도움이 된다.

Section 7

고양이를 위한 피토아로마테라피

아로마 분자 해독 & 고양이 신진대사

에센셜 오일은 화학 반응을 일으켜 신체 기관에 잘 용해, 흡수되고 간에서 대사화된다.

고양이는 인간이나 개 등의 다른 포유동물과는 달리 페놀, 케톤 등과 같은 아로마 성분에 대한 글루크로닐 전이효소 (transférase)를 가지고 있지 않아 사람과 개만큼 빠르게 아로마 테르펜을 해독할 수 없다.

그러므로, 고양이에게는 간과 신경계 부작용을 일으킬 수 있는 강한 용량의 항감염 분자 에센셜 오일 사용을 금해야 한다. 반대로 알코올, 아민, 산 (alcools, amines, acides)에 대한 글루크로닐 전이효소는 고양이에게도 부족하지 않다.

또한 고양이는 계속해서 자신을 핥기 때문에 털에 묻어 있는 모든 물질을 섭취할 수가 있다. 만약 고양이가 자신의 몸에 적용된 에센셜 오일을 섭취하게 되고 그 섭취한 양이 적지 않다면, 침을 흘리거나 구토를 할 수 있고, 나아가 간 손상의 위험에 처할 수 있다.

따라서 고양이를 위한 에센셜 오일을 블렌딩할 때는 페놀이 들어간 에센셜 오일은 금하고, 케톤 또는 아로마틱 알데하이드가 함유된 에센셜 오일은 소량으로 조심해서 사용해야 한다. 알콜 (linalol, thujanol, menthol, terpinene 1 ol 4…) 또는 옥사이드 (1,8 cineole)가 든 에센셜 오일을 우선 순으로 사용하도록 추천한다.

고양이의 향에 대한 과민성

사람의 코 점막은 대략 5백만 개의 후각 세포가 흩어져있는데 반해, 고양이는 2억 개의 세포가 좁은 범위 안에 분포되어 있다.

고양이의 입천장과 코 사이에 보습코 (vomeronasal) 또는 Jacobson이라고 불리는 특별한 기관이 있는데, 이 기관은 페로몬 타입의 휘발성 분자를 특히 아주 섬세하게 맡을 수 있게 하며, 플레멘 (Flehmen) 이라 불리는 고양이의 특이한 행동을 하게끔 한다.

아로마 분자의 생화학 구조가 페로몬 구조와 아주 흡사하여 에센셜 오일의 향이 보습코에 과하게 적체되면 고양이는 불안정하게 되어 축 처지거나 공격적인 행동을 하는 등의 이상 현상을 보인다.

그에 따른 이상 증상으로는 과민성 경련, 천식, 음식물 역류, 과도하게 침을 흘리는 등의 증상이나, 멀리 도망가서 숨어 버린다든지, 나무 꼭대기에 올라가 몇 시간씩 그대로 내려오기를 거부하는 기이한 행동을 보이기도 한다.

이러한 행동 장애들은 냄새를 통해 쉽게 위치를 찾을 수 있었던 고양이의 생활 속 익숙한 향을 에센셜 오일의 강한 향이 덮어버리면서 오는 불안 증상일 것이다.

고양이에게 사용 가능한 에센셜 오일 적용법

🌿 공기중 분사

처음엔 적은 용량과 부드러운 에센셜 오일을 사용해 서서히 적응 할 수 있도록 해준다. 또한 에센셜 오일은 태우거나 가열하면 효능이 파괴되거나 오히려 독이 될 수 있으니 냉 분산시켜야 한다. 그 방법 중 하나로 낮은 압력을 통하여 에센셜 오일을 고양이의 케이지 안에 냉 분산시키고 고양이가 흡입할 수 있도록 둔다. 일정 시간이 지난 후 고양이를 꺼내 털에 남아 있는 에센셜 오일을 잘 닦아준다.

🌿 피부를 통한 흡수

고양이는 자신의 몸에 어떤 물질이 직접 분사 되는 것을 싫어한다.
그러므로 손에 제품을 덜어 고양이의 발과 털을 쓰다듬듯 발라주거나 면봉을 이용해 상처나 국부 병변에 직접 발라준다.
또한 작은 수건에 에센셜 오일을 몇 방울 떨어뜨려 목에 둘러 줘도 좋다.

🌿 에센셜 오일 적용 시 주의 사항

• 고양이가 핥을 수 없도록 목 위나 귀 뒤 부분에 발라 준다.

• 원액 그대로 사용 시 피부에 자극을 줄 수 있으므로 희석하여 사용해야 한다.

• 에센셜 오일을 연속 사용할 경우 피부 자극과 간에 과포화가 올 수 있으니 1주
  일에 3~5일 정도 사용했다면 나머지 2~4일은 사용을 금한다.

고양이의 생활 속 에센셜 오일 적용 프로토콜

고양이의 신체 신진대사 특이성와 후각 과민성을 고려할 때 고양이에게 사용할 수 있는 에센셜 오일은 극히 제한적이며, 사용되는 용량 역시 개에 비해 적어야 한다.

고양이의 신체적 특성을 고려해서 사용할 수 있는 에센셜 오일의 효능과 용량을 정확히 알고 사용한다면, 아로마테라피를 통해 그 어떤 합성 화학 물질보다도 안전하고 효과적으로 고양이의 건강을 예방, 치유하며 힐링 해 줄 수 있다.

벌레 퇴치 스프레이

하루에 1번 1~2방울로 시작하여 고양이가 향에 적응하게 되면 서서히 최대 4방울까지 용량을 늘릴 수 있다. 라벤더 파인은 라반딘으로, 레몬그라스는 시트로넬라로 대체할 수 있지만, 제라늄은 가장 벌레 퇴치 효과가 좋으므로 반드시 넣도록 한다. 털 위나 목걸이 또는 목에 두른 작은 수건에 스프레이로 하루 한 번, 일주일에 4일 (3일 휴지기), 2번 펌핑 분량을 분사한다.

- 제라늄 EO   7방울
- 라벤더 파인 EO   3방울
- 레몬그라스 EO   5방울
- 용해제   2g
- 약국 알코올   10ml
- 제라늄 또는 라벤더 하이드롤라   40ml

살균 & 소독 스프레이

하루에 2~3번 일주일에 4일 (3일 휴지기) 소독할 방 또는 고양이가
머무르는 장소 또는 용품에 분사한다.

- **티트리 EO**   15방울
- **라벤더 파인 또는 라반딘 EO**   10방울
- **유칼립투스 라디에 EO**   5방울
- **약국 알코올**   50ml

룸 스프레이

아래 시너지 블렌딩은 고양이를 편안하게 안정시켜 주는 작용을 하면서, 고양이가 좋아하는 향이기도 하다.
하루 2~3번 일주일에 4일 (3일 휴지기) 고양이가 머무는 방이나 공간에 분사시킨다.

※ 일랑일랑은 다소 강한 꽃 향이므로 최소 비율로 블렌딩하여 시도하도록 한다.

- 스위트 오렌지 EO   9방울
- 라벤더 파인 EO   5방울
- 일랑일랑 EO   1방울
- 용해제   2g
- 약국 알코올   10ml
- 정제수 또는 라벤더 하이드롤라   40ml

고양이 오줌 냄새 탈취 스프레이

실내 또는 고양이 오줌 냄새가 배어 있는 장소에 하루 1~2번 뿌려
준다.

- 야생민트 EO   4방울
- 레몬 EO   5방울
- 리시아 시트로네 EO   10방울
- 실베스터 파인 EO   6방울
- 용해제   2g
- 약국 알코올   10ml
- 라벤더 하이드롤라   40ml

고양이 오줌 냄새 탈취 디퓨젼

하루 1~2번, 15분 정도 디퓨젼하는 것이 가장 이상적인 고양이 오줌 냄새 제거 방법으로 고양이의 향에 대한 민감성과 대사 특이성을 고려하여 1주일에 3일 사용하고, 나머지 4일 동안은 사용하지 않고 휴지기를 갖도록 한다.

※ 부드러운 향을 지닌 에센셜 오일 (오렌지, 만다린, 로즈우드, 제라늄등)은 고양이 냄새를 효과적으로 탈취하지 못한다.

- 라벤더 파인 EO   15ml
- 실베스터 파인 EO   7ml
- 레몬 EO   5ml
- 야생민트 또는 페퍼민트 EO   3ml

고양이 안티-벼룩 토너 스프레이

고양이의 털을 반대로 빗어가며 잘 뿌려주고 눈 쪽을 향하여 뿌리지 않는다.

고양이의 에센셜 오일 과민성을 고려하여 1주일에 1번만 적용한다.

- **티트리 EO**   25방울
- **레몬그라스 EO**   25방울
- **용해제**   3g
- **약국 알코올**   10ml
- **라벤더 하이드롤라**   40ml

호흡기 문제(감기, 기관지염 등) 디퓨전

감기, 코감기, 기관지염과 같은 호흡기 질환 시, 항바이러스, 항박테리아, 거담, 점액용해, 면역강화 에센셜 오일 블렌딩을 사용한다. 유칼립투스 라디에 또는 니아울리, 라빈트사라, 그린 머틀, 유칼립투스 다이브스 에센셜 오일을 알콜 또는 정제수+솔루빌라이저 (용해제)에 50% 희석하여 블렌딩한다.

따뜻한 물을 담은 그릇에 위 블렌딩 5~10방울을 떨어뜨려 고양이가 들어있는 케이지 앞에 15분 정도 놓아 두어 디퓨전 할 수 있도록 해준다.

비염 & 코감기 디퓨전

하루 1~2 차례 일주일에 3일 (4일 휴지기) 아래 시너지 블렌딩으로,
한 번 사용 시 약 10~15분 동안 디퓨전 해준다.

- 니아울리 EO   7ml
- 라빈트사라 EO   10ml
- 티트리 EO   3ml

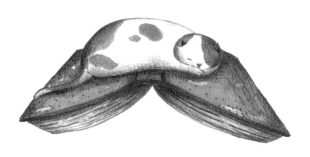

비염 & 코감기 시너지 블렌딩 (피부)

아래 시너지 블렌딩 2~3방울을 고양이의 귀와 귀 사이 또는 척추에
아주 국소적으로 (Spot-on), 매일 하루 2번 5일 동안 사용한다.
다시 적용 할 경우에는 1주 이상 간격 (휴지기)을 두고 사용한다. 이
블렌딩은 사실상 간 독성 분자를 함유하고 있지 않기 때문에 고양이
에게 사용할 수 있고, 희석하지 않은 pure 상태로도 사용할 수 있다.

- 라빈트사라 EO   1.5ml
- 니아울리 EO   2.5ml
- 사로 (Saro) EO   1ml

찌르는 듯한 기관지염 & 만성 기관지염 디퓨전

하루 1~2 차례 일주일에 3일 (4일 휴지기) 아래 시너지 블렌딩으로, 한 번 사용 시 약 10 ~ 15분 동안 디퓨전 해준다.

- 유칼립투스 라디에 EO   10ml
- 라빈트사라 EO   20ml

감기 디퓨젼

하루 1~2 차례 일주일에 3일 (4일 휴지기) 아래 시너지 블렌딩으로,
한 번 사용 시 약 10~15분 동안 디퓨젼 해준다.

- **니아울리 EO**   10ml
- **라빈트사라 EO**   20ml

백선 & 버짐

백선이나 버짐이 난 국소 부위에 하루 1번, 일주일에 3일 (4일 휴지기) 증상이 호전 될 때까지 (최대 1달) 발라주고, 바른 후 10분 동안 핥지 못하게 한다.

- 티트리 EO   5방울
- 팔마로사 EO   10방울
- 식물 오일 또는 알로에베라 겔   30ml

귀 감염

이염은 박테리아, 곰팡이균, 기생충 등이 원인일 수 있다.

아래 시너지 블렌딩을 하루 1번, 일주일에 3일 (4일 휴지기) 발라 부드럽게 마사지를 해준다.

고양이가 핥지 못하도록 주변에 떨어진 남은 잔여물은 잘 닦아준다.

- **티트리 EO** 7방울
- **라벤더 파인 EO** 5방울
- **리시아 시트로네 EO** 3방울
- **알로에베라 겔 또는 호호바오일** 30ml

벌레 물린 상처 또는 감염된 상처

핥지 못하게 하여 작은 양을 하루 2~3번, 최대 7일 발라준다.

- 티트리 EO   3방울
- 라벤더 파인 EO   5방울
- 제라늄 EO   2방울
- 팔마로사 EO   5방울
- 알로에베라 겔 또는 2% 카보머 겔   30ml

고양이 스트레스 해소 에센셜 오일

말 못하는 고양이도 사람처럼 스트레스를 받을 수 있다. 고양이의 스트레스는 물론 인간과 같지는 않다. 고양이의 걱정과 불안은 자동차 여행 시 일시적으로 발생할 수 있거나, 자신의 생활환경에 낯선 자가 출현한다든지 하는 피할 수 없는 원인일 경우 지속적으로 발생할 수 있다.

고양이의 불안, 걱정이 어떤 것이든지 간에, 그것은 주로 다음과 같은 행동장애로 표출될 수 있다.

야옹거리기, 과도한 핥기, 케이지 밖에서 소변을 질질 싸고 다니기, 방광염, 공격성, 환경에 무관심, 무력감 등으로 나타난다.

🌿 주의할 점 & 준수해야 할 기본 규칙

결코 치료를 위하여 아로마 성분을 호흡하도록 강요하지 말아야 하며, 고양이가 스트레스 받지 않고 편안하게 호흡할 수 있도록 해주어야 한다. 고양이 이동 시 사용하는 케이지 안에 에센셜 오일로 적신 천을 절대로 넣어 두어서는 안 된다. 고양이가 어렸을 때부터 에센셜 오일에 익숙할 수 있도록 해주어야 하며, 처음에는 약한 농도에서 시작하여 차츰 늘려가는 방식으로 사용한다.
또한 점막에 자극적이거나 공격적인 에센셜 오일은 사용하지 않는다.

🌿 효과적인 에센셜 오일 적용

에센셜 오일은 물에 용해되지 않으므로, 물에 희석을 원할 때는 용해제 사용이 필요하다. 그러나 70° 알코올을 사용하면 아주 쉽게 용해된다. 고양이에게 사용되는 일반적인 에센셜 오일의 비율은 1~2%다. 즉, 알코올 99ml 또는 98ml에 에센셜 오일 1~2% 비율이다. 고양이가 향에 적응할 수 있도록 약한 농도의 에센셜 오일로 시작해 차츰 용량을 늘려나가도록 한다.

고양이를 진정, 이완시키는 가장 효과적인 에센셜 오일은 발레리안이며, 다음으로 우수한 오일은 카모마일 로만과 일랑일랑이다. 위 에센셜 오일 2~3개를 블렌딩하고 용도에 따라 다음 효능의 에센셜 오일을 1~2개 더 추가할 수 있다.

- **공기 정화 / 소독 / 항바이러스**
- 티트리 또는 라빈트사라 EO
- **릴렉스 작용을 좀 더 강화하고 싶을 때**
- 페티그레인 또는 시더우드 아틀라스 EO
- **좋은 향을 추가하고 싶을 때**
- 리시아 시트로네 또는 시더우드 아틀라스 EO

물론, 위 리스트 이외에도 시너지 효과를 얻으면서, 사용할 수 있는 에센셜 오일은 다양하다.

카모마일 로만

고양이 안티 스트레스 & 공기 정화 / 소독 룸 스프레이

기본 안티-스트레스, 발레리안, 일랑일랑, 카모마일 에센셜 오일에 항균, 항바이러스 효과가 있는 티트리 또는 라빈트사라 에센셜 오일을 블렌딩하여 스트레스 완화와 공기 살균 효과를 동시에 얻을 수 있다. 라빈트사라 에센셜 오일은 우수한 항바이러스, 항균제이며, 동시에 부드럽게 신경을 진정시킨다.

아래 시너지 블렌딩 룸 스프레이를 하루 1번, 일주일에 최대 3일 (4일 휴지기) 고양이가 거주하는 공간에 분사 한 후 고양이를 들여보낸다.

- 발레리안 EO   1방울
- 일랑일랑 EO   2방울
- 카모마일 로만 EO   4방울
- 라빈트사라 EO   5방울
- 용해제   2g
- 약국 알코올   5ml
- 정제수 또는 하이드롤라   42ml

고양이 안티 스트레스 & 릴렉스 룸 스프레이

페티그레인은 가장 대표되는 릴렉싱 에센셜 오일이고, 시더우드 아틀라스는 진정효과가 우수하며, 고양이가 좋아하는 향으로도 잘 알려져 있다.

아래 시너지 블렌딩 룸 스프레이를 하루 1번, 일주일에 최대 3일 (4일 휴지기) 고양이가 거주하는 공간에 분사 한 후 고양이를 들여보낸다.

- 발레리안 EO   2방울
- 페티그레인 EO   5방울
- 카모마일 로만 EO   3방울
- 시더우드 아틀라스 EO   2방울
- 용해제   2g
- 약국 알코올   5ml
- 정제수 또는 하이드롤라   42ml

발레리안

고양이 안티 스트레스 & 방향 룸 스프레이

안티 스트레스 에센셜 오일 블렌딩에 리시아 시트로네 에센셜 오일을 첨가하면 상쾌하고 신선한 향과 함께 룸 방향제 역할을 하며, 편안하고 행복함에 긍정적인 기분이 들게 한다.

아래 시너지 블렌딩 룸 스프레이를 하루 1번, 일주일에 최대 3일 (4일 휴지기) 고양이가 거주하는 공간에 분사 한 후 고양이를 들여보낸다.

- **발레리안 EO**   1방울
- **일랑일랑 EO**   2방울
- **카모마일 로만 EO**   4방울
- **리시아 시트로네 EO**   8방울
- **용해제**   2g
- **약국 알코올**   5ml
- **정제수 또는 하이드롤라**   42ml

고양이 스트레스 해소 강화 룸 스프레이

좀 더 강화된 스트레스 해소 솔루션을 필요로 한다면 가장 안정적인
균형의 라벤더 계열 에센셜 오일을 첨가하여 블렌딩 한다.
아래 시너지 블렌딩 룸 스프레이를 하루 1번, 일주일에 최대 3일 (4일
휴지기) 고양이가 거주하는 공간에 분사 한 후 고양이를 들여보낸다.

- **발레리안 EO**   2방울
- **일랑일랑 EO**   1방울
- **카모마일 로만 EO**   5방울
- **라벤더 파인 EO**   7방울
- **용해제**   2g
- **약국 알코올**   5ml
- **정제수 또는 하이드롤라**   42ml

고양이를 위한 피토아로마테라피 TIP

- 새끼 고양이 때부터 조금씩 경험할 수 있게 해주는 것이 좋다.

- 손바닥에 에센셜 오일을 묻혀 고양이를 쓰다듬어 주면서 자연스럽게 적응할 수 있게 한다.

- 아로마테라피 적용 시 항상 피부 경로를 우선으로 샴푸, 로션에 블렌딩하여 사용하도록 한다.

- 호흡기 또는 면역 질환 (비염, 감기, 코감기, 바이러스 질환 등)은 피부 마사지와 함께 아로마 디퓨전 용법을 적용한다.

- 절대로 자가 약물치료를 하지 말아야 한다.

* 에센셜 오일 사용 시 적용 경로와 방법, 하루 중 적용 빈도, 휴지기를 준수한 적용 기간과 신체 기능 등을 신중하게 고려해 주의를 기울여 사용해야 한다.

Section 8

반려동물을 위한 하이드롤라테라피

주요 증상별 하이드롤라 적용 리스트

반려동물에게 에센셜 오일을 사용하는 건 결코 쉬운 일이 아니다.
사람에게 사용 시 문제가 없는 에센셜 오일일지라도 동물에게는 부작용이 나타날 수 있기 때문이다. 에센셜 오일에 대한 정확한 기본 지식이 없다면 이러한 에센셜 오일을 구별하기가 쉽지 않다. 하이드롤라는 에센셜 오일에 비해 훨씬 부드럽고 독성이 거의 없어 동물에게 좀 더 안전하게 사용할 수 있다.

하이드롤라	주요 사용 증상
야로우	피부염
카모마일 로만	눈 & 귀 세정, 상처소독, 항균
시더우드 아틀라스	벌레, 진드기, 진드기 유충 퇴치
시스테	지혈
티트리	강력한 항균, 머리버짐
주니퍼베리	벌레퇴치, 항균

하이드롤라	주요 사용 증상
제라늄	벌레퇴치, 머리버짐 (두부백선)
헬리크리섬	항혈종, 지혈
로렐	항균
마조람	항균
실베스터 파인	항염, 진통
로즈마리 오피시날	벼룩퇴치, 근육이완
더글라스 퍼	파리퇴치, 항균
세이보리 마운틴	항감염
세이지	털관리
타임 리나놀	항감염

반려동물의 건강 상태 최적화를 위한 5가지 골든 규칙

❶ 반려동물 근처 또는 접근 가능한 특정 장소에 항상 물을 둔다.

특히 반려동물이 아플 때는 더 신경 써서 두고, 물을 억지로 먹이려 하지 말아야
한다. 동물들은 본능적으로 자신들이 필요한 만큼 알아서 물을 먹기 때문에, 항
상 깨끗한 물을 놓아 주는 것만으로 충분하다.

❷ 매일 운동을 하게끔 하라.

특히 반려동물이 개일 경우 매일 운동 하게끔 하는 것이 필요하다. 단지 "소변을 위한 산책" 정도로도 반려동물이 맑은 공기를 마시기에 충분하다.

❸ 반려동물의 털, 귀, 잇몸 관리를 규칙적으로 해준다.

털 (짧은, 긴, 무성한, 곱슬거리는)과 귀 (처진, 올라간) 형태에 따라 관리 횟수가 달라 질 수는 있으나, 최소 한 달에 1번은 해주어야 한다.

❹ 규칙적으로 구충제를 먹이도록 한다.

아파트에 사는 동물들이 시골에 사는 동물들 보다 벌레에 노출될 확률이 적은 것을 고려하여 횟수를 달리 할 수 있다.

❺ 1년에 1~2번 동물병원에 가서 반려동물의 건강을 체크하고 진료 받도록 한다.

특히 반려동물이 나이가 들수록 정기적으로 병원 방문을 해야 한다. 병력과 의사 진단은 어떤 것으로도 대체할 수 없고 특히 반려동물이 아플 때는 자가 진단을 해서는 안 된다.

Section 9

반려동물을 위한 에센셜 오일

카모마일 로만

유칼립투스 시트로네

클로브버드

윈터그린

라벤더 스파이크

제라늄이집트

티트리

로렐

팔마로사

페티그레인

발레리안

니아울리

카모마일 로만 *Chamaemelum nobile*

진정 효과가 뛰어나 스트레스, 불면증을 해소해 주며,
항염 작용을 하여 민감하고 자극된 피부에 사용된다.
소화불량 시 마사지 오일로도 사용된다.
고대 그리스어로 카모마일 로만은 "땅의 사과"라는
의미를 지니고 있는데 이 식물 위로 걸을 때 사과 향
이 나는 것에서 유래한다.
카모마일의 꽃말은 "시련 속에서의 인내"라고 하며, 부드럽고 따뜻한 향으로 인
해 불안하게 동요된 정신을 깊이 안정시키며, 균형을 되찾게 해준다.

🌿 주요 테라피 효능

- 소염, 항감염, 항염증, 피부 진정, 항알레르기, 가려움증 진정, 상처치료
- 중추신경계 진정, 스트레스, 불면증, 정신적 쇼크, 불안
- 통증 완화

🍃 주요 사용

- 광범위하고 다양한 피부 질환

  (피부염, 화농성 피부염, 습진, 건선, 아토피…)
- 신경 불균형, 스트레스, 불안, 불면증, 정신적 쇼크, 극도의 신경 쇠약
- 심한 경련성 복통, 신경통, 치통 완화

시스테 *Cistus ladaniferus*

지혈과 우수한 상처치료제로 알려져 있으며 신체의 자연 면역력을 강화, 조절해
주는 다양한 효능이 과학적으로 연구 입증되고 있는 오일이다.

🍃 주요 테라피 효능

- 항바이러스, 항균, 항감염
- 면역력 강화
- 지혈, 수렴, 상처 치유
- 신경시스템 조절, 불면증, 정신력 강화

🌸 주요 사용

- 상처
- 바이러스 & 면역 증상
- 출혈

레몬 *Citrus limon*

지중해 연안에서 많이 재배되는 레몬은 원산지가 인도이며 섬세한 과일향의 레몬 에센스는 활력을 주고 정화하는 특성으로 인해 디퓨젼으로 사용하기에도 아주 좋다.

또한 레몬은 건강을 상징하는 과일로 예전부터 상처를 깨끗하게 해주며, 통증을 경감해 주고 벌레에 물려 붉게 부어오른 상처의 치유제로 애용되어 왔다. 일반적으로 강장제 역할을 하며 면역력을 강화, 에너지를 되찾게 해주는 작용을 한다.

🌿 주요 테라피 효능

- 공기살균
- 소화촉진, 간정화
- 혈액 유동화, 림프 드레나쥐
- 신경계 강장제, 에너자이징

🌿 부수적 테라피 효능

- 항박테리아, 항바이러스

🌿 주요 사용

- 공기 살균 & 정화 (디퓨젼)
- 간 & 소화활동 촉진
- 무사마귀

※ 감광성

유칼립투스 시트로네 *Eucalyptus citriodora*

항염증, 통증완화제로 잘 알려진 유칼립투스 시트로네는 식물 오일에 희석하여 류마티스와 건염을 완화시키기 위한 마사지 오일로 사용되며 모기퇴치제로도 사용된다.

주요 테라피 효능

- 항염
- 진정, 진통, 릴렉스

부수적 테라피 효능

- 벌레 퇴치
- 항균

주요 사용

- 류머티즘 또는 관절염
- 건염
- 소양증, 가려움증

- 벌레 퇴치제
- 스트레스, 불안, 불면증 해소, 진정

유칼립투스 라디에 *Eucalyptus radiate*

원산지가 호주로 원주민들이 고대로부터 이 잎을 상처에 붕대처럼 감싸 치료제로 사용하고 모기, 벌레 퇴치제로도 사용하였다.

현재에도 호흡기 질환에 가장 효과적으로 사용되고 있으며 항세균, 항감염, 통증 완화제로도 사용되고 있으며 유칼립투스 중에서 가장 부드럽고 좋은 향을 가지고 있어 호흡기를 위한 디퓨저나 흡입제로 애용되고 있다.

거담제로도 알려진 이 오일은 각종 호흡기 질환과 알레르기성 비염에 우수한 효과를 보이며, 정신을 상쾌하게 하면서 활력을 주고 맑은 정신을 만들어 좋은 생각을 갖도록 도와준다.

🌿 주요 테라피 효능

- 진해제, 항바이러스, 항박테리아, 항염
- 면역력 강화
- 신경 토닉, 에너자이징

🌿 부수적 테라피 효능

- 이염
- 바이러스 피부 항감염
- 모기 & 벌레 퇴치

🌿 주요 사용

- 호흡기 문제
- 감기, 기침, 기관지염
- 무력증, 에너지 고갈

제라늄 *Pelargonium Graveolens*

피부 정화와 상처 재생이 뛰어나 습진, 아토피, 아구창, 대상포진과 같은 피부 질환에 아주 유용하게 사용되며 디퓨저로 사용 시에는 부드럽고 기분 좋은 꽃 향과 함께 모기 퇴치제의 역할을 한다.

🌿 주요 테라피 효능

- 항감염, 항진균, 항염
- 진경, 진통
- 지혈, 피부 수렴 & 상처 재생

🌿 부수적 테라피 효능

- 항스트레스, 신경 토닉, 항우울증

🌿 주요 사용

- 화상, 습진, 농가진, 아토피
- 피부 사상균
- 류머티즘, 관절염

- 혈종, 출혈을 동반한 벤 상처
- 스트레스, 깊은 무력감, 불안

스위트 오렌지 *Citrus sinensis*

따뜻하고 환상적인 시트러스 향과 함께 기분을 좋게 하고 활력을 주는 오일로 소화기 문제를 완화시켜 주는 것으로 잘 알려져 있으며, 마음을 안정시키고 분위기를 좋게 만들어 준다.

베르가못, 만다린과 유사한 속성을 가지며 릴렉싱 해주는 효능과 함께 긍정적인 마인드로 정신과 마음을 조화롭게 해주며 긴장을 이완시켜 낙관적이고 좋은 기분을 만들어 준다.

주요 테라피 효능

- 진정, 진통
- 항균
- 신경 안정

🌿 부수적 테라피 효능

- 항불면증, 공기 살균, 소화제

🌿 주요 사용

- 스트레스, 신경쇠약, 불안
- 불면증
- 소화장애
- 공기 청정제

니아울리 *Melaleuca quinquenervia*

강하고도 깨끗하면서 아주 조금 달콤한 향을 지닌 오일로 항감염, 항바이러스 작용을 하며, 류마티스, 관절염, 근육통, 호흡기 질환, 상처 등에 두루 효과가 있다. 티트리, 유칼립투스와 유사한 작용을 하며 에너지를 제공하고 신체 자연 면역력을 강화하는 효능과 함께 정맥 토닉 (정맥류 질환, 무거운 다리…)제로도 사용된다.

🌿 주요 테라피 효능

- 항박테리아, 항진균, 항바이러스
- 진해, 거담
- 정맥 울혈 완화, 피부 방사선 방호, 피부 토닉

🌿 주요 사용

- 호흡기 감염, 기관지, 비염
- 헤르페스, 대상포진, 건선, 상처 재생

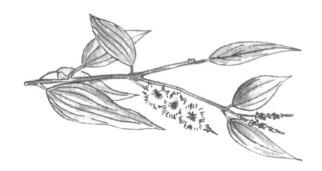

사로 (Saro) *Cinnamosma fragrans*

라빈트사라와 아주 유사한 효능이 있다. 항바이러스, 살균제, 신경 활력제로 다양한 감염 질환에 사용된다. 또한 피부에 완벽하게 아주 잘 맞으며, pure로도 사용 가능하다. 강력한 작용과 사용 안전성으로 블렌딩에 많이 사용되며 라빈트사라로 대체될 수 있다.

🍃 주요 테라피 효능

- 항박테리아, 항진균, 항바이러스, 항기생충
- 면역력 강화
- 신경토닉

🍃 부수적 테라피 효능

- 거담, 항경련
- 피부 수렴

🌿 주요 사용

- 호흡기 바이러스, 박테리아 감염
- 구강, 요로 감염
- 신경성 우울증
- 피부 감염
- 기생충 감염

발레리안 *Valeriana Officinalis*

야생에서 자라는 식물로 스파이크나드 (Spikenard) 와 아주 유사하며 깊은 머스크, 흙 향을 가지고 있다. 뛰어난 릴렉싱 작용과 부드러운 특성으로 불면증과 신경 불안에 특별히 효과가 좋다. 전통적으로 팅쳐와 알약으로 만들어 진통제로 사용되었다.

정맥류 (정맥, 치질) 충혈완화제로 잘 알려져 있으며, 피로 회복에 도움을 주고 혈액순환을 촉진한다.

🌿 주요 테라피 효능

- 신경 강화, 진정, 안정
- 충혈 완화, 진통
- 강력한 살균, 소독

🌿 주요 사용

- 신경불안, 동요, 신경피로, 무력증, 불면증
- 혈액순환 장애, 무거운 다리
- 감염성 피부병

페티그레인 *Citrus aurantium*

강력한 신경 균형 효능으로 마음과 정신의 긴장을 해소, 조화를 이루게 해주고, 우수한 항감염, 항박테리아 효과가 있어 상처 치유에 좋으며, 지성 피부와 두피의 피지분비를 조절해 준다. 오렌지 나무의 꽃으로부터는 네롤리 에센셜 오일, 잎과 잔 가지들로부터는 페티그레인 에센셜 오일이 추출되는데, 둘이 서로 비슷한 특성을 갖고 있지만 페티그레인은 네롤리 보다 훨씬 저렴하다는 장점이 있다.

🌿 주요 테라피 효능

- 항우울, 진정, 안정
- 항염, 항경련, 항박테리아

🌿 부수적 테라피 효능

- 심장 혈관, 심장계 조절
- 호흡기 질환, 경련성 기침, 천식, 흉부 압박감
- 근육경련, 신경성 경련, 진경
- 소화촉진

🌿 주요 사용

- 우수한 감정 균형 조절제로 "Oil of Heart"
- 상처 받고, 외로운 마음 보호, 안심, 재생, 진정, 수면 촉진
- 고통스러운 마음, 감정의 상처, 외로움, 스트레스, 불면증을 동반한 분개
- 스트레스, 신경과민, 불안, 불면증, 우울증
- 정신적 강박 관념
- 상처 치유, 피부 재생

시더우드 아틀라스 *Cedrus Atlantica*

신경을 안정시키고 긴장된 등 하부의 통증을 완화시켜주며, 이뇨, 순환계에 우수하게 작용한다.

특히나 뛰어난 살균 효능과 함께 데오도란트 작용도 하며 벌레 퇴치제로도 사용된다. 또한 섬세하고 매력적인 우디향으로 디퓨저로도 애용된다.

🌿 주요 테라피 효능

- 정맥 & 림프 울혈 완화
- 긴장완화, 불안감 해소, 릴렉싱, 안정

🌿 부수적 테라피 효능

- 항균, 진균, 호흡기 살균, 항염
- 벌레 & 기생충 퇴치

🌿 주요 사용

- 신경과민, 스트레스, 불안, 동요
- 이뇨, 지방분해 (셀룰라이트), 항진균제, 충혈 완화제, 호흡기 살균

- 벌레 퇴치, 진균성 피부 질환, 습진, 기생충 퇴치
- 상처 치유, 피부 재생

리시아 시트로네 *Litsea citrate*

긴장감을 해소, 릴렉싱 해주는 에센셜 오일로 치유적 휴식을 제공하는 향이기도 하며, 디퓨저로 사용 시 기분 좋은 낙관적인 분위기를 연출해 준다.
또한 룸 방향제 및 벌레 퇴치용으로 사용된다.

주요 테라피 효능

- 항염, 진균, 항바이러스
- 진정, 안정, 항우울

주요 사용

- 관절염, 건염, 류머티즘
- 불면증, 신경성 우울증, 불안, 초조, 신경쇠약
- 칸디다증 사상균

윈터그린 *Gaultheria procumbens*

파스 향이 특징이며 근육 & 관절 질환에 사용되는 대표적인 에센셜 오일이다.

주요 테라피 효능

- 항염, 항류머티즘
- 진통, 진경
- 근육 이완, 혈관 확장

부수적 테라피 효능

- 간세포 강장
- 진해제

주요 사용

- 건염, 류머티즘, 관절염
- 경련, 근육 통증 또는 저린/마비된 근육

클로브 버드 (정향) *Eugenia caryophyllus*

클로브 버드 에센셜 오일의 테라피적 효능은 아주 놀랍다.

어느 정도 자극성이 있음에도 불구하고 현대 아로마테라피에 있어서 굳건히 자리를 잡고 있는 주요 에센셜 오일로 치통, 두통 완화에 효과를 보이며 기운을 나게 하고 기분을 좋게 하는 작용을 한다.

※ 3~4% 이하의 비율로 희석하여 사용해야 한다.

🌿 주요 테라피 효능

- 아주 강력한 항박테리아
- 강력한 항기생충
- 진통, 마취

🌿 부수적 테라피 효능

- 일반 & 자궁 강장
- 진균, 항바이러스

- 장염, 비뇨기 감염
- 내부 기생충증 & 외부 기생충증 (옴, 백선…)

이모르뗄 / 헬리크리섬 *Helichrysum italicum*

204

꽃의 특별한 장수 특성으로 인해 불멸이라는 뜻의 "이모르뗄" 이라고도 불리며, 강렬하고 독특한 향을 가지고 있다. 효능 면에서는 강력한 항혈종, 항응고제로 알려져 있고, 멍과 타박상 치료에 사용되며, 혈액순환 (농진)과 상처치료에 도움 이 되고 피부조직을 탄력 있게 해준다. 또한 영혼의 멍을 치유한다고도 알려져 있다.

🌿 주요 테라피 효능

- 항염, 항경련
- 항혈종, 지혈
- 상처 치유

🌿 부수적 테라피 효능

- 점액 용해, 거담
- 정신 활성
- 간 강장

🌿 주요 사용

- 혈종, 부종, 정맥염
- 류머티즘
- 세포재생, 상처 치유

카트라페이 *(Katrafay) Cedrelopsis grevei*

테라피스트에게도 잘 알려져 있지 않은 에센셜 오일이지만, 헬리크리섬, 윈터그린과 함께 사용 시 모든 종류의 근육염과 관절 관련 질환을 빠르게 치료할 수 있으며 Pure 또는 시너지 블렌딩으로 사용할 수 있다.

🌿 주요 테라피 효능

- 아주 우수한 일반 항염
- 뛰어난 조직 재생 & 순환 & 울혈 완화
- 효과적인 소양증 치료제
- 항히스타민제

🌿 부수적 테라피 효능

- 보조 진통제

🌿 주요 사용

- 관절염, 건염, 류머티즘
- 조직(세포) & 순환
- 울혈 완화
- 습진, 건선, 벌레 물림
- 혈종, 삠 (염좌), 체액 흘러나옴

로렐 *Laurus nobilis*

다양한 기능과 함께, 안전하게 사용할 수 있는 에센셜 오일의 전형으로 모든 아로마테라피 블렌딩에 다 들어갈 정도이다.

🌿 주요 테라피 효능

- 아주 우수한 일반 항감염
- 뛰어난 진균제
- 거담, 항카타르, 점액 용해
- 피부로 흡수되는 진통제, 항신경통

🌿 부수적 테라피 효능

- 신경 활성

🌿 주요 사용

- 모든 종류의 사상균
- 피부병, 상처, 궤양, 부종
- 호흡기, 이염, 측농증 병리학

라벤더 스파이크 *Lavandula latifolia spica*

우수한 상처 치료와 진정 효능으로 잘 알려져 있다. 항진균, 디톡스, 살균 효과와 함께 상처, 일반 화상, 햇빛에 의한 화상, 벌레 물림, 건선, 여드름, 사상균증에 사용되는 에센셜 오일이다. 라벤더 파인과 다른 속성을 갖고 있는 라벤더 스파이크는 6~7월에 꽃을 피우고 상대적으로 온화한 기후에서 자라며 이완제, 통증 완화제와 같은 진통 효능을 갖고 있다.

Pure로 사용 가능하며 특히, 벌레 물린데는 pure를 사용하는 것이 이상적이다.
로렐과 비슷한 프로필을 가지고 있으나 벌레 물림과 화상에는 독보적 효능을 갖고 있다.
아로마테라피에 있어서 지배적인 위치를 차지하고 있다.

🌿 주요 테라피 효능

- 아주 우수한 일반 항감염
- 뛰어난 진균제
- 항바이러스, 면역강화
- 피부로 흡수되는 진통제, 항신경통
- 상처 치유

🌿 부수적 테라피 효능

- 항박테리아

🌿 주요 사용

- 벌레 물림
- 사상균
- 상처, 화상

라벤더 파인 *Lavandula angustfolia*

라벤더는 아로마테라피에서 가장 광범위하게 사용되는 에센셜 오일로 특히나 릴렉싱 시켜주는 효과와 살균제로서의 효능으로 유명하다.

또한, 피부 재생과 치유 작용이 뛰어난 라벤더 에센셜 오일은 상처와 감염된 피부 치료제로서 사용되며 진정, 진통 효능이 있어서 수면에 도움을 준다.

긴장된 신경을 이완 해소시켜주며 두통이나 근육통을 완화시킨다.

고대 로마시대 때 부터 라벤더 향의 특성은 로마인들의 목욕과 세탁 시 향기를 주기 위해 애용되었으며, 라벤더라는 이름 역시 〈laver〉 = '씻다, 세탁 하다'라는 라틴어 lavare에서 유래한 것이며, 중세 시대 때에는 라벤더의 항감염 효능을 얻기 위해 훈증요법으로 사용하였다.

또한 프랑스 병원에서는 오래 전부터 라벤더 에센셜 오일을 공기 살균, 미생물, 곰팡이 감염 제거제로 사용하였으며, 인도의 아유르베다 의학에서는 우울증을 해소하기 위하여 라벤더를 사용하였다. 티벳 사람들 역시 정신적 문제 치유를 위해 라벤더를 사용한다.

🍃 주요 테라피 효능

- 피부 항염
- 진정, 릴렉스
- 상처 치유, 피부 재생
- 항경련

🍃 부수적 테라피 효능

- 항생 (항미생물 감염)

🍃 주요 사용

- 상처, 모든 종류의 피부병, 상처 치유가 필요한 모든 곳
- 불안, 스트레스, 신경성 질환 (경련, 소화기)

레몬그라스 *Cymbopogon flexuosus (or citratus)*

혈액순환을 강화시키고 항염 작용을 하며, 신선한 레몬향과 함께 상쾌한 데오드
란트 작용 및 벌레퇴치제로 사용된다.

효능에 비해 저평가되고 있는 에센셜 오일로 새로운 효능과 작용이 계속해서 발견되고 있다.

🌿 주요 테라피 효능

- 일반적 항감염 (균, 박테리아, 바이러스)
- 항기생충 (외부)
- 항염
- 진정, 진통

🌿 부수적 테라피 효능

- 소화 토닉

🌿 주요 사용

- 광범위하고 다양한 전염병, 박테리아, 바이러스, 균 (특별히 피부 적용) 원인 질환
- 외부 기생충 침입 (이에 의한 기생충)
- 류머티즘, 건염, 관절염

페퍼민트 *Mentha x piperita*

아로마테라피에서 가장 많이 사용되는 허브 중 하나로 가볍고, 리프레싱하고 깨끗한 민트 향과 함께 특히 소화계 장애에 효과가 있고, 지친 마음에 활력을 주고 집중력을 요할 때 아주 좋은 작용을 한다.

몸과 정신, 마음에 활력과 신선함을 주며, 구토, 순환계 문제, 두통에 효과가 좋다. 또한 시원하게 쿨링 해주는 특성으로 인해 통증과 가려움증을 완화해준다.

주요 테라피 효능

- 차가운 항자극 효과를 통한 진통제
- 소화 토닉 (위, 간, 장⋯)
- 항바이러스, 살균
- 항소양증

부수적 테라피 효능

- 항염
- 일반 강장 (신경, 심장)

🌿 주요 사용

- 류머티즘, 건염, 외상성 상해에 따른 통증
- 소화불량, 간기능 저하, 일반적 무력증
- 구토, 멀미
- 소양증, 가려움증 (옴, 사상균, 헤르페스, 벌레물림)

오레가노 *Origanum compactum*

자연 항생제로 알려진 오레가노 에센셜 오일은 일반 감기, 독감, 호흡기 질환과 같은 겨울 질병을 대비한 가정 상비용으로 갖고 있어야 할 오일로 항박테리아, 항바이러스의 강력한 작용으로 면역 체계를 강화시켜준다.

항진균 효과로 옴 또는 사상균증에도 사용되며 몸과 정신의 강장제로도 사용된다.

🌿 주요 테라피 효능

- 아주 강력하고 광범위한 영역에 작용하는 항감염제
- 항박테리아
- 항진균 & 효모
- 내부 기생충
- 항바이러스
- 체외 기생충
- 면역강화

🌿 부수적 테라피 효능

- 일반 강장

🌿 주요 사용

- 내부 감염, 모든 원인 & 부위
- 면역저하

팔마로사 *Cymbopogon martinii*

긴장, 피로 회복, 휴식에 도움이 되며, 자연 면역 방어 강장제로서 신경과 호르몬
계 활력제로도 잘 알려져 있다.

또한 강력한 살균 효과가 있어 모발 관리와 데오도란트 및 발 관리에도 사용된다.

🌿 주요 테라피 효능

- 아주 확실한 항박테리아
- 아주 강력한 항진균
- 항바이러스
- 면역 촉진/강화

🌿 부수적 테라피 효능

- 자궁 & 신경 토닉
- 상처 치유

🌿 주요 사용

- 모든 종류의 균감염, 모든 부위

- 상처, 피부병
- 광범위한 ENT 감염 (안지나, 비인두, 코감기/비염, 이염)

라빈트사라 *Cinnamomun camphora CT CINEOLE*

아로마테라피에서 가장 관심을 많이 받는 주요 오일로 항바이러스, 살균제, 신경 활력제로 다양한 감염 질환에 사용된다. 또한 강력한 작용과 사용 안전성으로 블렌딩에 많이 사용되며, 현대 아로마테라피 의학의 기둥과 같은 역할을 한다. 피부에 완벽하게 아주 잘 맞고, pure로도 사용 가능하다.

주요 테라피 효능

- 항바이러스
- 면역강화
- 기관지 확장, 거담

🌿 부수적 테라피 효능

- 신경 토닉 & 에너자이저
- 신경 균형

🌿 주요 사용

- 모든 종류의 바이러스, 모든 부위, 모든 원인
- 면역 시스템이 약해진 모든 상황
- 일반적 피로, 무력증 상태

티트리 *Melaleuca alternifolia*

강력한 항균, 항감염, 항박테리아제로 문제성 피부와 감염, 감기 등에 아주 중요한 작용을 하며 면역 체계를 강화시켜준다.

광범위한 부분에서 항박테리아제로 쓰이면서 특히 기관지 포함, 이비인후과(ENT) 부분 감염과 피부에 놀라운 효능을 보이며 pure로도 사용 가능하지만 10% 농도에서도 이미 뛰어난 효능이 있다. 또한 일시적 피로 해소에도 사용되는 강장제이다.

티트리는 과학적으로 수많은 연구의 되고 있으며 병원에서도 사용되는 에센셜 오일로, 티트리 덕분에 모든 에센셜 오일에 적용되는 작용 메카니즘을 증명할 수 있게 되었다.

🌿 주요 테라피 효능

- 1순위 항생제
- 항진균, 항바이러스
- 면역강화
- 항기생충 (내 & 외)

🌿 부수적 테라피 효능

- 방사선 방호
- 정맥 & 림프 울혈 해소 & 토닉

🌿 주요 사용

- 일반적으로 감염, 특히 피부 감염, 모든 원인
  (박테리아, 바이러스, 균, 기생충)
- ENT 감염 (구—인두, 이염, 부비강염, 축농증)

타임 투자놀 *Thymus vulgaris CT THUJANOL*

타임 티몰보다 생체 거부 반응 없이 잘 맞고, 강력한 효과가 있어 모든 면에서 좋지만, 구하기가 어렵고, 가격도 비싸다. 그러나, 그럴 가치가 충분히 있는 에센셜 오일이며 피부에 아주 잘 맞고 쉽게 희석된다.

🌿 주요 테라피 효능

- 아주 우수한 항박테리아 & 항바이러스
- 면역강화
- 간 강장, 간세포 재생

🌿 부수적 테라피 효능

- 신경 강화, 신경 하모니

🌿 주요 사용

- ENT 감염
- 박테리아, 진균, 바이러스 피부 감염
- 간 기능 저하, 간염 (바이러스)

시나몬 리프 *Cinnamomum cassia*

클로브 버드와 유사한 살균 효능이 있고, 악취를 제거해 준다.

심한 전염(감염)증상에 아주 효과적이고 필수적이나, 자극성을 고려하여야 한다.

2% 이상 사용 시에는 아주 신중을 기해야 한다.

🌿 주요 테라피 효능

- 아주 강력하고 광범위한 항전염 (피부) (박테리아, 균, 기생충, 바이러스)
- 면역강화
- 토닉, 촉진, 충혈

🌿 부수적 테라피 효능

- 항 발효

🌿 주요 사용

- 광범위하고 다양한 전염 증상: 장염, 대장균, 설사
- 내부 & 외부 기생충 증
- 일반적 피로, 무력증

Section 10

반려동물에게 유용한 식물 오일

아르간

마카다미아

카렌듈라

마카다미아 *Macadamia integrifolia*

피지 세포와 유사한 지방산을 함유, 피부 흡수력이 우수
하여 피부에 오일감을 남기지 않는 훌륭한 마사지 오일
이다. 세포막 성분인 팔미트올레인산을 다량 포함하고 있
어, 노화와 퇴행으로부터 세포를 보호해 준다. 또한 풍부한 영양,
피부 연화, 상처 치료 효과도 있으며 수분을 공급하여 피부 보습력도 우수하다.
효과적인 피부 항산화제 역할을 하여 피부 세포막을 강화시키고 진정작용과 함
께 가벼운 천연 자외선 차단 효과도 있다. 마사지 오일로 사용 시, 국부 미세 순
환계를 활성화시키고 림프계를 강화시켜 주는 아주 우수한 식물 오일이다. 스위
트아몬오일과 유사하지만, 시간(보존)에 대해 안정성이 더 우수하다.

주요성분	지방산 오메가 9, 팔미트올레인산, 팔미산, 스테아르산, 필수지방산 오메가 6
색상	노란 ~ 옅은 초록
향	부드러운, 전형적 너트 향
보관 안정성	아주 우수
효능 & 사용	기본적으로 피부에 부드럽게 사용하기에 적합

세인트존스워트 *Hypericum perforatm*

항염, 진통, 진정 작용이 있는 세인트존스워트 오일은 화상, 신경통, 근육통, 류머티즘 질환 치료에 이상적인 오일로 세포와 피부 재생 효과도 우수하다.

또한 상처 치료 효능으로 잘 알려져 있고 자극된 피부 진정을 위해 사용되며, 식물 전체에 항박테리아 성분이 함유되어 있다.

건성, 민감성 피부, 벌레에 물리거나 멍든 피부에 사용하기에 좋은 오일이며 발모 작용이 있다고도 알려진 오일이다.

다양한 테라피 효능과 함께 피부의 긴장감을 풀어주고 유연 작용을 하는 성분과 기분을 좋게 하는 항우울 성분을 지닌 오일로도 유명하며, 항산화 물질 또한 함유하고 있다.

주요성분	지방산 오메가 9, 팔미산, 필수지방산 오메가 6, 스테아르산
색상	레드 브라운
향	인퓨즈 하는 오일에 따라 향이 달라짐
보관 안정성	보통
효능 & 사용	기본적으로 피부에 사용한다.

니겔 (블랙 커민) *Nigella sativa*

소화계와 면역체계를 강화시켜주는 성분으로 잘 알려진 니겔 오일은 천연 항진균제, 항균, 살균, 항염 효능이 있어서 정화작용이 뛰어나다. 불포화 지방산이 풍부하여 피부를 재생시키고 부드럽게 해주며, 소화계를 활성화시키고 몸과 면역체계에 활력을 준다. 고대 이집트에서는 "죽음 이외의 모든 병을 치유하는 오일"로 불리었다.

주요성분	필수지방산 오메가 6, 지방산 오메가 9, 팔미산, 스테아르산, 풍부한 *폴리페놀
색상	노란 ~ 브라운
향	부드러운
보관 안정성	보통
효능 & 사용	아주 특별한 식물 오일!

* 폴리페놀은 우리 몸에 있는 활성산소 (유해산소)를 해가 없는 물질로 바꿔주는 항(抗)산화물질 중 하나로 종류는 수천 가지가 넘는다. 이중 비교적 널리 알려진 것은 녹차에 든 카테킨, 포도주의 레스베라트롤, 사과, 양파의 쿼세틴 등이

다. 과일에 많은 플라보노이드와 콩에 많은 이소플라본도 폴리페놀의 일종이

다. 폴리페놀은 활성산소에 노출되어 손상되는 DNA의 보호나 세포구성 단백

질 및 효소를 보호하는 항산화 능력이 커서 다양한 질병에 대한 위험도를 낮춘

다고 보고되고 있다. 또한 폴리페놀은 항암작용과 함께 심장질환을 막아주는

것으로도 알려져 있다.

헤이즐럿 *Corylus avellana*

너리싱과 보습을 주며 오일감 없이 피부에 잘 스며들어 피부를 부드럽게 해주면서 정화시켜준다. 아주 뛰어난 마사지 오일로 단독 또는 에센셜 오일과 블렌딩하여 사용되고, 좋은 향과 함께 지방산이 풍부하고 올리브와 비슷한 효능이 있다. 항기생충 에센셜 오일과 블렌딩하면 효과적인 구충제로 사용될 수 있음이 밝혀졌다.

주요성분	지방산 오메가 9, 필수지방산 오메가 6, 팔미산, 스테아르산, 비타민 E & A
색상	노란 (골든)
향	특징적 헤이즐럿 향
보관 안정성	보통
효능 & 사용	피부 & 복용

달맞이꽃 *Oenothera biennis*

보라지 오일과 함께 달맞이꽃 오일은 감마리놀렌산인 오메가 6가 아주 풍부하게 함유되어 있어 프로스타글란딘 (자궁수축, 혈관확장 작용/호르몬 물질)의 원천이고 항염 작용이 뛰어나 모든 피부 질환에 효과가 있다. 또한 항산화 효능이 있어 면역, 신경계, 생식계 세포를 보호하고 신체기능을 건강하게 유지시켜주며, 피를 정화시키고 심혈관 장애를 완화, 예방하는 효과가 뛰어나다.

주요성분	필수지방산 오메가 6, 지방산 오메가 9, 팔미산, 스테아르산
색상	노란
향	부드럽고 약한 향
보관 안정성	보통 (Vit.E 첨가 권장)
효능 & 사용	피부 & 특히 복용 권장

로즈힙 *Rosa rubiginosa or Rosa mosqueta*

아주 특별한 식물 오일로 복용 시 피부 염증을 퇴치하고 세포벽 구성에 관여하는 분자의 공급원인 AGE 오메가 3 & 6의 유일한 원천이다.

로즈힙은 지용성 비타민과 항활성산소 (A & E)가 풍부한 완벽한 영양 보충제이다. 피부에 적용 시 필수 불포화 지방산들과 비타민F가 함유되어 있어 풍부한 영양을 공급한다.

우수한 상처 치유, 최고의 안티-에이징 항산화 오일 중 하나라고 평가되고 있고, 로즈힙 씨드 오일에 함유되어 있는 비타민A는 피부 노화를 늦추며, 세포재생과 함께 피부에 탄력을 주는 콜라겐과 엘라스틴 생성을 촉진시킨다.

주요성분	필수지방산 오메가 6, 지방산 오메가 9, 팔미산, 스테아르산
색상	오렌지 ~ 레드
향	부드럽고, 특징적이고, 프레쉬
보관 안정성	보통
효능 & 사용	피부 & 복용

카렌듈라 인퓨즈드 *Calendula officinalis*

염증, 자극된 민감성 피부, 홍조 피부와 흉터제거, 튼 살 등 문제성 피부의 치료, 관리를 위해 사용된다. 비타민과 미네랄, 베타카로틴 또한 풍부하여 알러지, 습진, 아토피와 같은 피부 개선 효과가 있다.

국화과에 속하며 정원의 금잔화라 불리는 이 꽃의 의학적 효능은 중세 시대부터 이미 잘 알려져 있었으며, 중세 시대 명의들이 벌레나 파충류에 물렸을 때 카렌듈라를 처방해 주었다고 한다.

주요성분	필수지방산 오메가 6, 지방산 오메가 9, 팔미산, 스테아르산, 살리실산
색상	밝은 노란
향	부드러운 마른 풀향
보관 안정성	보통
효능 & 사용	피부

타마누 *Calophyllum inophylum*

타마누 오일에는 혈액순환을 돕는 강력한 인자들이 있는 것으로 잘 알려져 있다. 피부 상처 치료제, 항감염제로도 알려진 타마누 오일은 상처, 습진, 건선, 아토피 피부염 등에 사용된다. 짙고 점성이 높은 오일로 피부 보호 효능과 함께 다양한 피부질환을 치료하기 위해 사용되어 왔다.

탁월한 상처 치유와 가벼운 진통 작용을 하는 에메랄드그린 색상의 이 타마누 오일은 상처를 아물게 하는 뛰어난 효능으로 인해 수술 후 상처 부위나 오래된 흉터를 지우기 위해서도 사용되는 오일이다.

주요성분	필수지방산 오메가 6, 지방산 오메가 9, 팔미산, 스테아르산, 폴리페놀. 비타민E
색상	그린
향	독톡한 향
보관 안정성	보통
효능 & 사용	피부

아르간 *Argania spinose*

기적의 안티−에이징 오일로 알려진 아르간 오일은, 강
력한 항산화 성분인 다량의 비타민 E를 함유하고 있어
우수한 항산화 효능과 보습력, 영양공급 효과로 피부와
털 관리에 애용되고 있다. 필수 지방산 성분을 함유하고 있어
피부 재생과 탄력 작용이 우수하며, 피부를 부드럽게 해주는 사포닌 역시 다량
포함하고 있어서 피부 수분 층을 재생시키고 염증을 진정, 완화시켜 준다.
태양과 바람에 노출된 피부를 쿨링 시켜 보호하는 기능이 있고 오일리 하지 않으
며, 단지 몇 방울만으로도 피부에 보습을 준다. 따라서 민감한 피부를 보호하는
효과가 우수하며 피부 친화력이 있어 쉽고 빠르게 피부에 흡수된다.

주요성분	필수지방산 오메가 6, 지방산 오메가 9, 팔미산, 스테아르산, 프로테인, 비타민E
색상	골든
향	너트 향
보관 안정성	보통
효능 & 사용	피부

참고문헌

- Hampikian, S., Heitz, F., (2011). Santé naturelle de votre animal : Chien, chat, furet. Terre vivante.
- Arnaud Véto − Blog de phytothérapie et d'homéopathie vétérinaire pour les animaux de compagnie − http://arnaudveto.blogspot.fr/
- Baudoux, D., Debauche, P. Guide pratique d'aromathérapie chez l'animal de compagnie
- Site internet FACCO : http://www.facco.fr/−Population−animale
- Site internet : l'aromathérapie vétérinaire. http://www.aromatherapieveterinaire.com
- http://www.vetup.com/articles−veterinaires
- Bromiley M., Ingraham C. (200) Cheval & Cavalier − Massages et aromathérapie. Editions Proxima
- Danièle Festy. (2008) Ma Bible Des Huiles Essentielles − Guide Complet d'Aromathérapie. Leduc's Editions
- Dr. Jean Valnet. L'Aromathérapie, Se soigner par les huiles essentielles. Le livre de Poche
- Pierre Franchomme, Roger Jollois, Daniel Pénoel. (2001) L'aromathérapie exactement. Roger Jollois

- Lydia Bosson. Hydrolathérapie. Editions Amyris
- Dominique Baudoux. L'Aromathérapie Se soigner par les huiles essentielles. Editions Amyris
- D. Baudoux, M.L. Breda. Aromathérapie Scientifique. Huiles Essentielles Chémothypées. Edition J.O.M.
- Lydia Bosson. L'aromathérapie énergétique. Guérir avec l'âme des plantes. Editions Amyris
- Julien Kaibeck. Les Huiles Végétales. Leduc's Editions
- Aude Maillard. Le Grand Guide de L'aromathérapie et des Soins Beauté Naturels. J'AI LU
- http://www.frontline.fr/conseils/hygiene-soin-animal
- https://wamiz.com/chiens/guide/mon-chien-au-naturel
- Les Cahiers pratiques d'aromathérapie : Vétérinaire – bovins, pièce – Amyris
- Alicia CHEVALLEY. Utilisation de la phytothérapie et de l' aromathérapie dans le cadre du conseil vétérinaire chez le chat, le chien et le cheval. Faculté de pharmacie These, Université de Lorraine 2016
- Pierre May. Guide Pratique de Phyto-aromathérapie pour les animaux de compagnie

에필로그

25년여의 회사생활과 함께 그날이 그날 같은 변함없이 똑같은 하루하루를 무의 미하게 보내며 점점 나에 대한 정체성을 잃어가고 있을 즈음, 우연히 내 삶속에 들어온 피토아로마테라피는 아주 단순한 절박함에서 출발한 발걸음이 찾아낸 미 지의 대 문명제국 같았다. 사춘기의 여드름, 30대의 기미, 나이가 들면서부터 민 감해지는 피부, 이런 목마름을 충족시켜줄 나만의 화장품을 만날 수가 없었다. '결국 포기를 해야 되는 건가?' 하는 심정으로 찾게 된 천연화장품 교육 프로그램. 큰 기대 없이 혹시나 하는 생각으로 간 그곳에서 식물 오일, 하이드롤라, 에센셜 오일의 존재를 알게 되었다. 모든 것이 신기했다. 직접 제대로 된 제형의 나만의 화장품을 만들 수 있다는 것이 놀랍고 신기했고, 화장품을 만들 수 있는 식물 물 질이 상상 이상으로 다양하게 존재하는 것도 신기했다.

더구나 그 식물 물질이 단순한 화장품 재료로서의 가치만 있는 것이 아니고, 과 학적 성분으로 구성된 의학적 치료 물질로도 설명된다는 것이 놀라웠다. 예상치 못했던 발견은 적지 않은 흥분과 함께 신선한 충격으로 다가왔다. 프랑스어를 전 공하고 프랑스 제약회사에 20여 년 째 다니고 있었던 나에게 의학적으로 설명 하고 있는 프랑스 자료들을 찾아 읽는 것은 그리 어려운 일이 아니었다.

이후 피토아로마테라피의 주원료인 식물 오일, 에센셜 오일, 하이드롤라들에

236

대한 프랑스 자료들을 수집해 정말 미친 듯이 공부하며, 실제로 적용해 보기 위해 프랑스, 영국, 독일에서 출시된 거의 모든 종류의 오일들을 구매하기 시작했다. 다양한 구성으로 제품을 배합하여 만든 후에 직접 사용해 보면서, 수 십 가지의 오일 그 하나하나의 특성에 완전히 매료되었다.

프랑스에서는 1986년부터 피토아로마테라피를 의학으로 인정, 식물추출물을 일반의약과 대등한 약물로 사용하고 있다. 또한, 병원과 약국에서도 생활 질병을 치료하고 예방하기 위해 자연물질을 처방해 주고 있으며, 처방전이 실린 검증된 다양한 피토아로마테라피 서적이 대중들에게 소개되고 있다. 대중들이 쉽게 읽고 적용할 수 있도록 제공된 수많은 피토아로마테라피 책들은, 피토아로마테라피로 진료하는 의사, 약사들에 의해 임상, 공인된 자료들로 계속해서 업데이트되고 있으며, 과학적이면서도 실용적인 정보들이 다양한 매체를 통해 제공되고 있다.

또한, 테라피 등급의 제품들이 주변의 가까운 약국과 피토아로마테라피 전문점을 통해 판매되고 있어 실생활에서나 모든 관련 분야에서 다양한 계층과 연령의 사람들에 의해 폭넓게 대중화되어 있다. 특히 사람보다 민감한 피부와 후각을 지니고 있는 반려견과 반려묘를 위한 피토아로마테라피는 동물에게 있어서 최적의 치료법으로 오래전부터 인정되어 수많은 수의사들에 의해 적용되고 있다. 관련된 임상 제품들 역시 어렵지 않게 구할 수 있다.

이로 인해 프랑스에서는 점점 더 많은 사람들이 합성 화학 약품에서 벗어나 자신의 가족과 반려동물의 건강한 생활을 위해 피토아로마테라피를 선택하고 있다.

피토아로마테라피는 현대적 트렌드를 대변하는 하나의 유행 아이템이 아니라, 인간과 동물의 가장 순리적이고 원초적인 치료법으로, 자연이 우리 인간과 동물에게 선사하는 가장 아름답고도 고귀한 선물이다.

우리는 이런 피토아로마테라피를 통하여 신체와 정신 그리고 감정의 균형을 되찾아 조금 더 자연 친화적이고 이완된 삶을 누릴 수 있을 것이다. 필자는 우리나라에서 더 이상 아로마테라피가 향기 데코레이션 아이템 또는 개인적 경험 차원의 이야깃거리에 머무르지 않고, 일상생활에서의 힐링과 웰빙을 다루는 하나의 해결책으로 분명한 정체성을 갖기를 바란다.

또한, 피토아로마테라피에 대한 검증된 좋은 자료로서 많은 사람들에게 최상의 유익한 정보를 전달해 줄 수 있는 책이 되어 주기를 원한다.

임상되고 공인된 과학, 의학적 자료를 기반으로 다양한 피토아로마테라피를 소개할 목적으로 계획한 샹다롬 피토아로마테라피 아카데미를 준비하면서, 피토아로마테라피를 실제로 도입하고 있는 프랑스 반려동물 피토아로마테라피 서적들과 자료들을 우선 수집하여 번역하고 정리하기 시작했다.

프랑스에서는 수의사들의 진료 경험과 임상을 바탕으로 적용된 아로마테라피 포뮬러가 제품으로 출시되고 있다. 또한, 최종 선별된 자료와 증상별 포뮬러는 반려동물 피토아로마테라피 책들과 자료들로 대중들에게 제공되고 있다. 각각의 특성이 있는 정보들 중 복용법을 제외하고, 가장 실용적이고 효과적인 적용법만을 선택해, 안전한 농도와 반려동물에게 적용될 수 있는 순한 종류의 에센셜 오일, 식물 오일, 하이드롤라를 선별하고 종합 정리한 후 우리 실정에 적합한 정보로 새롭게 구성하여 Aromatologue의 사명감을 가지고 이 책을 작성하였다.

상다롬 아카데미 반려동물 피토아로마테라피 수업을 통해 소개된 증상별 피토아로마테라피 제품을 반려동물에게 적용하여 피부병 개선과 진정 효과를 증명해주신 분들과, 반려견의 행동교정과 발달 프로그램 개발에 아로마테라피를 적용하여 제품을 출시하는 미국 법인 ㈜Nosework와의 임상 작업을 통한 반려동물 테라피 포뮬러 검증을 통해 더욱더 신뢰할 수 있고 효과적인 포뮬러로 책을 구성할 수 있게 되었다.

이 책은 누구나 쉽게 이해하고 적용할 수 있는 효과적이며 검증된 피토아로마테라피 포뮬러를 제시하는 것에 중점을 두었다. 이 책이 반려동물의 건강하고 행복한 삶을 위한 하나의 해결책으로서 도움이 되기를 바라며, 인간과 동·식물의 조화로운 공존을 통한 자연의 섭리 안에서 균형의 중요성을 대변하는 피토아로마테라피의 세계를 조금이나마 경험할 수 있는 원동력이 되기를 희망한다.

상다롬 아카데미 반려동물 아로마테라피 수업의 첫 학생이며, 아로마테라피 강사와 일러스트 작가로 활동 중인 함서정 작가님께 이 책의 그림을 기꺼이 맡아주심에 감사한 마음을 전한다. 그리고 항상 따뜻하게 지원해주는 나의 가족들에게도 감사한 마음을 전하고 싶다.

반려동물과 함께
아로마 들판으로의 산책